浙江省普通高校“十三五”新形态教材

环境监理

HUANJING JIANLI

方婧 朱京海 主编

ZHEJIANG UNIVERSITY PRESS
浙江大学出版社

图书在版编目（CIP）数据

环境监理 /方婧，朱京海主编. — 杭州：浙江大学出版社，2019.8（2024.7重印）
ISBN 978-7-308-19440-2

Ⅰ. ①环… Ⅱ. ①方… ②朱… Ⅲ. ①环境监理 Ⅳ. ①X328

中国版本图书馆CIP数据核字（2019）第179601号

环境监理
主编 方婧 朱京海

责任编辑 王元新
责任校对 赵珏
装帧设计 周灵
出版发行 浙江大学出版社
（杭州市天目山路148号 邮政编码 310007）
（网址：http：//www.zjupress.com）
排　　版 杭州林智广告有限公司
印　　刷 杭州钱江彩色印务有限公司
开　　本 787mm×1092mm 1/16
印　　张 15
字　　数 318千
版 印 次 2019年8月第1版 2024年7月第3次印刷
书　　号 ISBN 978-7-308-19440-2
定　　价 43.00元

浙江大学出版社市场运营中心联系方式：0571-88925591；http：//zjdxcbs.tmall.com

《环境监理》编写委员会

主编：方　婧　朱京海
编委：厉炯慧　李永旺　陈　英
　　　邹长青　贺　淼

序

20 世纪 80 年代，中国政府把环境保护列为一项基本国策，日益重视并着力解决发展与环境保护的矛盾。改革开放 40 多年，中国在快速发展经济的同时也积累了不少环境问题，一些地区、行业的环境污染十分严重。中国共产党第十八次全国代表大会以来，以习近平同志为核心的党中央高度重视生态环境保护工作，把生态文明建设列入“五位一体”的总体布局，习近平总书记对生态文明建设发表过一系列重要讲话、作出过一系列重要指示批示，为加强生态建设和环境保护提供了根本遵循和行动指南。同时，全国范围相继开展了一系列根本性、开创性、长远性工作，加快推进生态文明顶层设计和制度体系建设，加强法治建设，建立并实施中央环境保护督察制度，大力推动绿色发展，深入实施大气、水、土壤污染防治三大行动计划，推动生态环境保护发生历史性、转折性、全局性变化，环境保护的力度和深度前所未有。

环境监理制度是近年逐步探索和发展起来的一项新的环境监督管理制度，是指环境监理企业接受建设项目法人委托，按照“守法、诚信、公正、科学”的原则，依据国家与地方建设项目环境保护管理的法律、法规、标准，建设项目环境影响评价报告和环境管理部门的批复文件的相应要求，以及建设项目环境监理合同等，对建设项目实施专业化的环境保护咨询和技术服务，协助和指导建设单位全面落实建设项目各项环境保护措施。从1995年在黄河小浪底水利建设工程中首次引进工程环境监理管理模式开始，经过20多年的实践，环境监理工作立足将事后管理变为全过程跟踪管理，在引导、帮助建设单位有效落实环评文件和设计文件提出的各项要求，保证工程建设与环境保护相协调，预防和避免环境污染事故发生等方面发挥了重要而积极的作用。

本书编者总结了多年从事高等院校环境监理教学的实践经验，参考现有环境监理培训教材，适应高等教育信息化大潮，编写了这本《环境监理》新形态教材。本书较为全面地介绍了环境监理的基础知识、技术方法、技术规范等，并配以相应的实践案例，章节安排循序渐进，深入浅出，网络资源丰富。有理由相信，该书的出版将有助于高等院校环境监理人才的培养和环境监理机构人员的培训，从而进一步促进环境监理制度的有效实施。

（中国环境科学学会秘书长）

2019年7月

前言

建设项目环境监理是建设项目环境影响评价和“三同时”验收监管的重要辅助手段，对强化建设项目全过程管理、提升环境影响评价的有效性和完善性具有积极作用。我国的环境监理工作从典型工程试点、地区探索、省份试点发展起来，经过20多年的实践与探索，已经明确了环境监理的定位、功能、类型、范围、技术规范、评价标准和管理体系等内容。随着环境监理试点的结束，环境监理工作已经被正式纳入国家和地方环境保护管理部门的环境管理工作内容。

与环境影响评价一样，环境监理是第三方的咨询服务工作，环境保护咨询企业面临大量的相关人才需求。然而，我国环境监理人才相对短缺。目前环境监理人才的培养主要依赖于生态环境部环境工程评估中心、中国环境科学学会以及地方相关机构开设的环境监理培训班。高等院校在环境监理人才培养方面发挥的作用很弱，全国只有极少数高校开设环境监理课程，这可能与针对高等院校教学的环境监理教材短缺有关。当前，正是高等教育信息化大潮流时代，课堂教学模式和学习方式正发生革命性改变。与此同时，新形态教材应运而生，它基于移动互联网技术，通过二维码或增值服务码将纸质教材与数字化资源进行有机一体化衔接。为了适应社会发展需要，我们组织编写了浙江省普通高校“十三五”新形态教材——《环境监理》。

本书共分为八章。第一章绪论，简要介绍环境监理的定位、发展历程和发展趋势；第二章环境监理的基础知识，详细介绍环境监理的基本类型，环境监理的实施原则、程序、方法、费用计算、招投标工作及合同等内容；第三章环境监理的基本内容，主要介绍建设项目设计阶段、施工阶段和试运行（试生产）阶段的环境监理工作内容；第四章环境监理组织协调与污染事故处理，主要介绍环境监理组织协调的作用、内容、方法、措施，环境污染事故的分类、确认、报告、处理，以及环境污染纠纷的处理途径和程序等内容；第五章环境监理文件编制与管理，着重介绍环境监理方案、环境监理报告的编制要求和内容，以及环境监理相关文件的管理等内容；第六章环境监理单位与资质管理，简要介绍环境监理单位的设立、职责、权利、资质申请，环境监理工程师的要求、职责，以及环境监理人员岗位证书制度等内容；第七章典型生态类建设项目环境监理案例解析，选取道路类、水利水电类、输变电工程、港口工程和金属矿采选项目等典型生态类建设项目，介绍各行业特点，相关环境保护法律法规、标准及技术规范，环境监理要点，同时给出了各行业典型环境监理实例；第八章典型工业类建设项目环境监理案例解析，选取印染类、化工石化（医药）类、火电厂以及电镀工业等典型工业类项目，介绍各行业特点，相关环境保护法律法规、标准及技术规范，环境监理要点，并给出了各行业典型环境监理实例。为了便于学习和复习，每章结束时附有“本章小结”“复习思考题”。书中有大量的二维码链接，读者可通过手机等智能终端轻松获取纸质教材所不包括的环境监理相关资料、重点和难点讲解视频以及完整展示的实际案例等内容，给读者以轻松愉快的互联网+阅读体验。

本书由方婧和朱京海主编，所有章节的编写工作方婧均有参与，具体分工如下：第一章由朱京海、方婧编写，第二章由方婧、朱京海编写，第三章由方婧、邹长青编写，第四章由方婧、贺淼编写，第五章和第六章由方婧编写，第七章由方婧、李永旺编写，第八章由方婧、厉炯慧、陈英编写。所有编者均参与了全书的统稿，最后由方婧和朱京海定稿。

在教材的编写过程中参考了相关环境监理培训教材和生产科研单位的技术资料，特此致谢。感谢辽宁省环境科学学会秘书长张国徽、辽宁大学环境学院宋有涛教授对本书的编写提供的大力支持。感谢浙江工商大学环境科学与工程专业2014级和2016级本科生对该教材讲义的试用与提出的宝贵建议。感谢浙江工商大学硕士研究生金亮、李文超、孟庆康、苏斌等同学，他们参与了资料收集和文字录入工作。

本书可作为高等院校环境科学与工程及相关专业的环境监理课程教学用书，也可作为环保工作者的参考读物。因编者学识和水平有限，书中存在错误与不妥之处在所难免，敬请读者批评指正。

编者

2019年7月

目录
CONTENTS

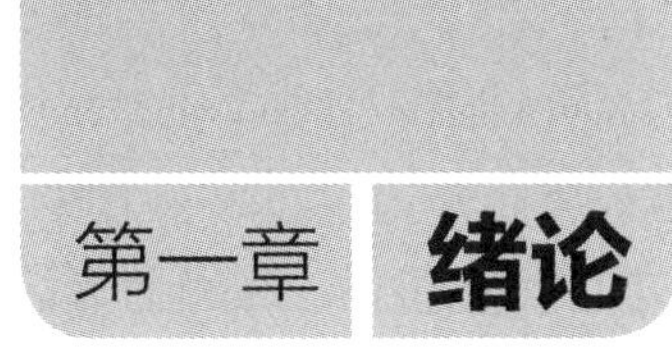

第一节 环境监理概述

一、环境监理的定义与定位

（一）环境监理的定义

建设项目环境监理是指依法成立的并具有相应建设项目环境监理资质的环境监理企业，在与建设项目法人签订了建设项目环境监理合同之后，接受建设项目法人委托，按照“守法、诚信、公正、科学”的原则，依据国家与地方建设项目环境保护管理的法律、法规、标准，建设项目环境影响评价报告及环境管理部门的批复文件的相应要求，以及建设项目环境监理合同等，对建设项目实施专业化的环境保护咨询和技术服务，协助和指导建设单位全面落实建设项目各项环境保护措施。

环境监理是一种第三方的咨询服务活动，它不同于环境监察，也不同于工程监理。环境监察是环境保护行政机关对环境影响行为的监督管理，是指国家运用行政、经济、法律、宣传教育等手段，对环境影响的各种行为进行调控的行政管理活动，是一种具体的、直接的、“微观”的环境保护执法行为，是环境保护行政部门实施统一监督、强化执法的主要途径之一。环境监察的主要任务，是在各级人民政府环境保护部门领导下，依法对辖区内污染源排放污染物情况和对海洋及生态破坏事件实施现场监督、检查，并参与处理。环境监察的核心是日常监督执法。环境监察受环境保护行政主管部门领导，在环境行政主管部门所管辖的辖区内进行。因此，环境监察与环境监理有着本质的区别。

工程监理是指具有相应资质的工程监理企业，接受建设单位的委托，根据法律法规、工程建设标准、勘察设计文件及合同，在施工阶段对建设工程质量、造价、进度进行控制，对合同、信息进行管理，对工程建设相关方的关系进行协调，并履行建设工程安全生产管理法定职责的服务活动。在我国环境监理发展的初期，建设项目环境监理工作曾经是参照工程监理的做法和经验开展的。因此，环境监理和工程监理既有相对的独立性，又有一些相似之处。概括起来，环境监理和工程监理的区别与联系主要体现在以下几个方面。

1. 监理的任务和目的 ……………………………………………………………………

建设项目环境监理的任务是对工程建设中的污染环境、破坏生态行为进行监督管理，对建设项目配套的环保工程进行施工监理，目的是规范参建各方的环保行为。工程监理的主要任务是从组织、技术、合同和经济的角度采取措施，对质量、进度和费用实施监理，其目的是规范建设单位、施工单位等参建各方的建设行为。

2. 监理对象和范围 ……………………………………………………………………

环境监理的对象主要是工程中的环境保护设施、生态恢复措施、环境风险防范措施以及受工程影响的外部环境。环境监理的范围是工程施工区域及工程环境影响涉及区域。工程监理的对象主要是主体工程本身及与工程质量、进度、投资等相关的要素。工程监理的范围是工程施工区域。

3. 监理内容 ……………………………………………………………………

环境监理的工作内容是监督工程施工过程中的环境污染、生态保护是否能满足环境保护的相关要求，与主体工程配套的环境保护措施落实情况等，协调好工程建设与环境保护，业主、承包商、社会和公众等各方利益。工程监理的工作内容可概括为“三控制、二管理、一协调”，即质量、进度、投资控制，合同管理和信息管理，对建设单位和承包商之间、业主与设计单位之间及工程建设各部门之间进行协调组织。

（二）环境监理的定位

环保部在《关于进一步推进建设项目环境监理试点工作的通知》（环办〔2012〕5号）中针对环境监理定位指出：“建设项目环境监理是指建设项目环境监理单位受建设单位委托，依据有关环保法律法规、建设项目环评及其批复文件、环境监理合同等，对建设项目实施专业化的环境保护咨询和技术服务，协助和指导建设单位全面落实建设项目各项环保措施。”可见，环境监理是一项第三方的咨询服务活动，是对建设项目的一种动态的全过程的环境管理，同时又具有相对社会化和专业化的独

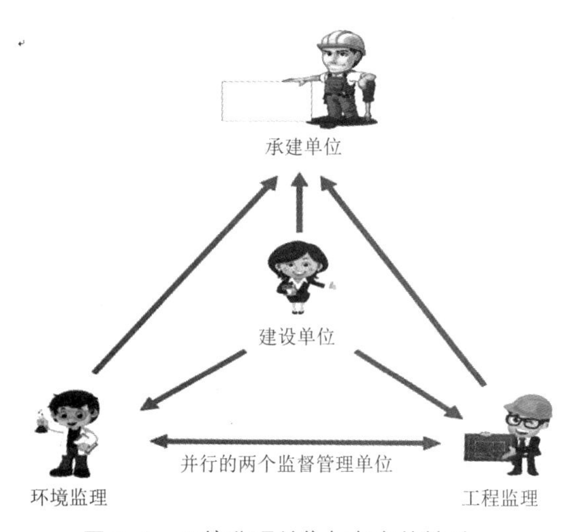

图 1-1　环境监理单位与各方的关系

立性。环境监理单位与项目各相关方的关系如图1-1所示。

建设项目环境监理的主要功能有：①建设项目环境监理单位受建设单位委托，承担着全面核实设计文件与环境影响评价及其批复文件的相符性任务；②依据环境影响评价及其批复文件，督查项目施工过程中各项环境污染防治和生态保护工作落实情况，确保建设周期施工现场、周围环境、污染物排放和区域生态保护达到国家规定标准或要求；③组织建设期环保宣传和培训，指导施工单位落实好施工期各项环保措施，确保环保“三同时”的有效执行；④发挥环境监理单位在环保技术及环境管理方面的业务优势，搭建环保信息交流平台，建立环保沟通、协调、会商机制；⑤协助建设单位配合好环保部门的“三同时”监督检查、建设项目环保试生产审查和竣工环保验收工作。

环境监理适用于项目建设的设计阶段、施工阶段和试运行（生产）阶段。环境监理在时间上是对建设项目从开工建设到竣工验收的整个工程建设期的环境影响进行监理。环境监理在空间上包括工程施工区域和工程影响区域的环境监理。环境监理内容主要包括主体工程和临时工程施工过程中的污染防治措施、生态保护措施的落实情况的监督检查及配套环境保护工程建设的监督检查，确保各项施工期环境保护措施、各项环境保护工程落到实处，发挥应有的效果，满足环境影响评价文件及批复要求，符合工程环境保护验收的条件。

二、环境监理的性质

环境监理的性质是一种第三方的咨询服务活动，这同工程监理的性质是一致的。生态环境部针对环境监理的监督管理指出：“建立有效监督管理机制是环境监理事业健康平稳发展的保障。环境监理应在公开、公平、公正原则指导下，逐步探索现代化、市场化运作机制；严格环境监理机构准入技术条件，加强机构日常考核，做好队伍业务培训；营造诚实守信、客观公正、勇于创新的工作氛围。”可见，环境监理的机构和人员都应当遵循守法、诚信、公正、科学的原则，利用自身的专业知识和经验，对建设项目的环境保护行为进行监督管理，并对有关环境保护问题提出意见和建议，为建设单位和各级环境保护主管部门的环境管理提供服务。环境监理具有以下性质。

（一）服务性

服务性是环境监理的重要特征之一。环境监理是一种高智能的有偿的技术服务活动，它是环境监理人员利用自身的环保知识、技能和经验为建设单位（业主）提供的管理服务。它既不同于承建商的直接生产活动，又不同于建设单位的直接投资活动；它不向建设单位承包工程，不参与承包单位的利益分成；它获得的是技术服务性的报酬。

环境监理管理的服务客体是建设单位的环境保护措施，服务对象是建设单位。这种服务性是严格按照相关的环境保护法律、法规、环境影响评价及环境监理合同来实施的，是受法律约束和保护的。

（二）科学性

环境监理应当遵循科学性准则。环境监理的科学性体现为其工作的内涵是为工程环保管理与环保技术提供知识服务。环境监理的任务决定了它应当采用科学的思想、理论、方法和手段；环境监理的社会性、专业化特点要求环境监理单位按照高智能原则组建；环境监理的服务性质决定了它应当提供科学含量高的管理服务；环境监理维护社会公众利益和国家利益的使命决定了它必须提供科学性服务。

按照环境监理科学性要求，环境监理单位应当拥有足够数量的、业务素质合格的环境监理工程师，要有一套科学的管理制度，要掌握先进的环境监理理论、方法，要积累足够的技术、经济资料和数据，要拥有现代化的环境监理手段及必要的环境监测设备。

（三）公正性

公正性是环境监理工程师应严格遵守的职业道德之一，是环境监理企业得以长期生存、发展的必然要求，也是环境监理活动正常和顺利开展的基本条件。环境监理单位和环境监理工程师在工程建设过程中，一方面应作为能够严格履行环境监理合同各项义务，能够竭诚为客户服务的服务方，另一方面应当成为公正的第三方。在提供环境监理服务过程中，环境监理单位和环境监理工程师应当排除各种干扰，以公正的态度对待委托方和被环境监理方，特别是当工程方业主和被监理方双方发生利益冲突或矛盾时，应当以事实为依据，以有关法律、法规和双方签订的工程合同为准绳，站在第三方的立场上公正地解决和处理，做到“公正地证明、决定或行使自己的处理权”。

（四）独立性

从事环境监理活动的环境监理单位是直接参与工程项目建设的“三方当事人”之一，它与建设单位、承建商之间是一种平等主体关系。环境监理单位是作为独立的专业公司根据环境监理合同履行自己权利和义务的服务方，为维护环境监理的公正性，它应当按照独立自主的原则开展环境监理活动。在环境监理过程中，环境监理单位要组建自己的组织，要确定自己的工作准则，要运用自己的理论、方法、手段，根据环境监理合同、环评及批复要求和自己的判断，独立地开展工作。

三、需要实施环境监理的建设项目

根据环保部《关于进一步推进建设项目环境监理试点工作的通知》(环办〔2012〕5号)文件内容，要求开展建设项目环境监理的建设项目包括：

(1)涉及饮用水源、自然保护区、风景名胜区等环境敏感区的建设项目。

(2)环境风险高或污染较重的建设项目，包括石化、化工、火力发电、农药、医药、危险废物(含医疗废物)集中处置、生活垃圾集中处置、水泥、造纸、电镀、印染、钢铁、有色及其他涉及重金属污染物排放的建设项目。

(3)施工期环境影响较大的建设项目，包括水利水电、煤矿、矿山开发、石油天然气开采及集输管网、铁路、公路、城市轨道交通、码头、港口等建设项目。

(4)环境保护行政主管部门认为需开展环境监理的其他建设项目。

各省级环境保护行政主管部门可根据本辖区建设项目行业和区域环境特点，进一步明确需要开展环境监理的建设项目类型。各级地方政府根据地方的实际情况，对必须实施环境监理的工程项目作了相应的规定。例如,《浙江省建设项目环境监理试点工作实施方案》中要求开展建设项目环境监理的项目为：①涉及饮用水源、自然保护区、风景名胜区等环境敏感区的建设项目；②环境风险高或污染较重的建设项目，包括石化、化工、火力发电、农药、医药、染料(含颜料)、危险废物(含医疗废物)集中处置、生活垃圾集中处置、水泥、造纸、电镀、印染、皮革、酿造、钢铁、有色及其他涉及重金属污染物排放的建设项目；③施工期环境影响较大的建设项目，包括水利水电、煤矿、矿山开发、石油天然气开采及集输管网、铁路、公路、城市轨道交通、码头、港口等建设项目；④其他需要开展环境监理的建设项目。在现有省级审批的建设项目施行环境监理的基础上，市、县级环保部门负责审批的上述项目，在环评审批文件中明确环境监理的要求；对已经环评审批和建设中的环境风险高或污染较重的建设项目，建议引导建设单位引入环境监理。陕西省规定开展环境监理项目为：施工周期长、生态环境影响大的水利、交通、电力、化工、矿产资源开发等建设项目；环境保护行政主管部门批准的环境影响评价文件要求开展环境监理的其他建设项目。江苏省环保厅在《关于加强建设项目审批后环境管理工作的通知》中明确要求在全省范围内有效推行建设项目环境监理制度，切实加强建设项目审批后的环保跟踪管理，实行重大项目全程监理，一旦新项目在试生产期超标排放一律停产。该通知规定，对投资额在1亿美元或8亿元人民币以上的重大建设项目，污染严重的化工、印染行业等项目，分阶段(勘察、设计、施工)实施环境监理制度。

国家和地方规定的必须开展环境监理的项目均具有以下特点：建设项目的建设周期长；主体工程与配套的环境污染防治工程投资巨大，占地面积大；在施工阶段对当地生态环境影响剧烈，容易造成建设项目周边环境污染，景观环境破坏，生态环境功能恶化。

四、环境监理实施的意义

近年来，随着各省经济的快速发展，建设项目的数量明显上升，环境监管任务日益繁重，建设项目全过程环境管理问题也日益突出。一是建设项目环境管理重审批轻监管，重环评审批和竣工验收审批，轻项目建设期环境监管。二是建设项目在建设过程中环保措施和设施“三同时”落实不到位、未经批准建设内容擅自发生重大变动等违法违规现象仍比较突出，由此引发的环境污染和生态破坏事件时有发生，有些环境影响不可逆转，有些环保措施难以补救。三是项目竣工环保验收率低，未经环保部门批准擅自投入试生产以及试生产超期不验收的现象时有发生。四是各级环境保护主管部门现有监管力量不足，难以对所有建设项目进行全面的“三同时”监督检查和日常检查，使得项目建设过程中产生的环境问题在投产后集中体现，给环保验收管理带来很大压力。推行建设项目环境监理，有利于实现建设项目环境管理由事后管理向全过程管理的转变，由单一环保行政监管向行政监管与建设单位内部监管相结合的转变，对于促进建设项目全面、同步落实环评提出的各项环保措施具有重要意义。环境监理作为一种先进的建设项目环境管理手段，已经成为建设项目环境影响评价和“三同时”验收监管的重要辅助手段，其重要现实意义体现如下。

（一）满足投资者对专业服务的社会需求，与国际接轨

“九五”以来，我国工程建设项目规模越来越大。“西部大开发”，“项目带动战略”，构筑“长三角”“珠三角”，“环渤海经济开发区”，“实施中部崛起”，外资、中外合资、利用外国贷款等项目越来越多，各种工程建设项目在管理方面的共同特点都是通过实施工程招标来选择承建商，同时聘请工程环境监理单位与环境监理工程师实施工程监理（如黄河小浪底工程）。这种按照国际通行的做法，即将工程项目建设的环保微观管理工作，由项目业主委托和授权给社会化、专业化的工程环境监理单位来承担，产生了很好的效果，也为国内投资工程建设项目起到了示范作用。随着工程建设项目责任制的逐步落实，项目业主承担的投资风险越来越大。他们越来越感到仅凭自身的能力和经验难以完全胜任工程项目管理，因而产生需要借助社会化的智力资源弥补自身不足的渴望，让专长工程建设项目环境管理的环境监理工程师为其提供技术管理服务。实施工程环境监理有利于与国际接轨，可以让项目业主更专心地致力于必须由业主自己做出决策的事务。

（二）有利于政府环境主管部门的职能转变

20世纪80年代中期，《中共中央关于经济体制改革的决定》明确要求政府转变职能，

实行政企分开，简政放权，政府在经济领域的职能要转变到“规划、协调、监督、服务”上来，在进行各项管理制度改革的同时，加强经济立法和司法，加强经济管理和监督。工程环境监理制度试点工作的经验证明，环境监理可以强化对建设项目全周期环境监督的力度，帮助解决环境影响评价中提出的生态保护和环境污染防治措施与要求，发现和完善环境影响评价中存在的问题与不足，可以有效地解决建设项目不同阶段，特别是施工期环境监督的“哑铃”现象。

（三）促进工程建设领域实现“两个根本转变”，推动生态文明建设

党的十八大以来，我国开展了一系列根本性、开创性、长远性工作，加快推进生态文明顶层设计和制度体系建设，加强法治建设，建立并实施中央环境保护督察制度，大力推动绿色发展，深入实施大气、水、土壤污染防治三大行动计划，推动生态环境保护发生历史性、转折性、全局性变化。生态环境问题归根到底是资源过度开发、粗放利用、奢侈消费造成的。必须从资源开发利用的节约集约、从绿色消费方式的培养上着手，从资源开发利用、消耗消费上进行源头治理，不能头疼医头、脚疼医脚，真正转变社会生产方式和生活方式。环境监理实施有利于实现建设项目环境管理由事后管理向全过程管理的转变，由单一环保行政监管向行政监管与建设单位内部监管相结合的转变；有利于强化建设项目全过程管理，提升环评有效性和完善性；促进建设项目全面、同步落实环评提出的各项环保措施。对建设项目实施环境监理是构建以产业生态化和生态产业化为主体的生态经济体系的一部分，是将生态文明要求融入经济体系的具体体现形式。

第二节　环境监理的发展历程

一、我国环境监理的发展历程

20世纪80年代，我国正式开展工程监理工作，该工作在确保建设工程质量、提高建设水平、充分发挥投资效益方面起到了重要作用。我国建设项目环境管理实行的两项管理制度是“建设项目环境影响评价”和“三同时”，环境管理工作的两个重点内容是建设项目的环保审批和竣工验收，而施工阶段环境保护是环境管理的薄弱环节。因此，建设项目实施环境监理，可以使环境工作进入整个项目建设中，变事后管理为全过程管理，是我国环境管理的一次飞跃。我国环境监理的总体发展历程如图1-2所示。

早期在我国申请国际贷款的过程中，世界银行、亚洲开发银行等国际金融组织提出了

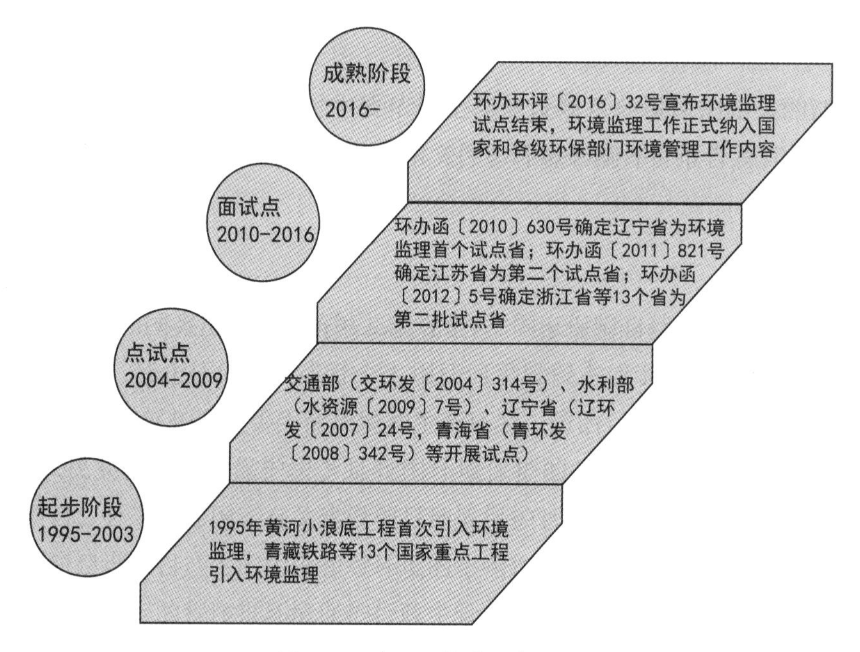

图 1-2　我国环境监理发展历程

环境监理的要求，实施环境监理作为项目贷款的基本条件之一。我国在世界银行贷款的大型项目——黄河小浪底工程建设中于1995年首次引进了工程环境监理管理模式，开展了“黄河小浪底工程环境保护研究”。1995年9月，环境监理工程师进驻工地，在施工区和移民安置区开展了环境监理工作，这在我国水利水电工程建设中尚属首次。实践证明，小浪底工程引入的环境监理，是一种先进的环境管理模式，它能和工程建设紧密结合，使环境管理工作融入整个工程实施过程中，变被动的环境管理为主动的环境管理，变事后管理为过程管理，有效地预防和减少了施工过程中的环境污染和生态破坏。环境监理在小浪底工程中的成功运用，对促进大型基本建设项目施工期环境保护管理工作具有深远的意义。小浪底工程的环境保护实践也得到了世界银行专家的高度评价，被世界银行专家鲁德威格博士称赞为“发展中国家建设项目环境管理的典范”。

2002年，国家环境保护总局、铁道部、交通部、水利部、国家电力公司、中国石油天然气集团公司联合发出《关于在重点建设项目中开展工程环境建立试点的通知》，目的是贯彻《建设项目环境保护管理条例》，落实国务院第五次全国环境保护会议的精神，落实环境保护“三同时”制度，进一步加强建设项目设计和施工阶段的环境管理，控制施工阶段的环境污染和生态破坏，逐步推行施工期工程环境监理制度。该通知要求青藏铁路格尔木至拉萨段、西气东输管道工程、上海国际航运中心洋山深水港区一期工程、云南澜沧江小湾水电站工程、怀化至新晃高速公路等13个国家重点工程进行环境保护监理试点，对工程环保措施实施情况进行监理，确保各项环保措施落到实处。选择的13个工程对生态环境影响相对较大，施工周期长，环境敏感，由此拉开了我国建设项目大规模实施环境监理工作的帷幕。其中，青藏铁路的修建是党中央、国务院做出的一项重大战略决策，铁路建设会对线路区生物多样性、自然保护区、高原冻土环境、自然景观、水环境产生重大影响，该工程建设及其生态环境保护引起了国内广泛关注。2003年4月，我国经济建设史上第一份环境保护目标责任书的签订，明确了青藏铁路建设过程中的环保目标，量化了具体环保措施。实施对青藏铁路建设的全过程环境管理，实施铁路工程环境监理，使工程建设对生态环境的影响被控制在最低限度。西气东输工程总投资近500亿元，用于环境保护的投资近10亿元，主要用于管道沿线的环境保护和施工后的生态修复工作。中国石油天然气集团公司制定了包括工程环境监理在内的管道工程建设健康、安全、环境与社会标准，确保2005年完工的西气东输管道工程在环境保护等方面达到国际水平。

以此为起点，全国各地各部门相继出台了一些关于开展环境监理工作的文件，并选择了一些生态影响类的大型建设项目开展了环境监理工作。2004年，交通部下发了《关于开展交通工程环境监理试点工作的通知》(交环发〔2004〕314号)，决定在交通行业内开展工程环境监理工作，主要依据国家和地方有关环境保护的法律法规和文件、环境影响报告书、工程环境影响报告书和有关的技术规范及设计文件等，环境监理包括生态保护、水土保持、地质灾害防治、绿化、污染物防止等环境保护工作的所有方面。为开展好这项工作，同时制定了《开展交通环境监理工作实施方案》，推动交通环境监理工作的开展。

2004年3月，浙江省环境保护局下发了《关于在建设项目中推行环境监理的通知》(浙环发〔2004〕23号)，要求对建材、水里、围涂、交通运输、市政等工程实施环境监理制度，并将环境监理总结报告作为环保验收的资料之一。同时，要求监理公司定期向环保行政主管部门提交环境监理报告，发现重大环境问题及时向环保行政主管部门报告。

2004年12月，为控制施工阶段的环境污染和生态破坏，海南省“三亚大隆水库工程”聘请了海南省艾科环境技术服务公司对施工过程进行环境监理，并由海南省环境科学院监测站对宁远河下游的环境进行监测，首创海南省对大型水利工程进行环境监理的先例。

2007年，为了严格执行环境保护“三同时”制度，进一步加强建设项目施工阶段的环境管理，控制施工阶段的环境污染和生态破坏，辽宁省环境保护局印发了《辽宁省建设项目环境监理管理暂行办法》，要求在施工期造成环境污染或生态破坏较大的建设项目，通过招投标等方式委托环境监理机构开展环境监理。先后组织辽宁蒲士河抽水蓄能电站工程、辽宁华锦化工集团45万吨/年乙烯改扩建工程等一大批重点工程开展建设项目环境监理工作，并取得了显著成效。

2007年，山西省环境保护局下发了《关于在项目建设中推行环境工程监理工作的通知》(晋环发〔2007〕306号)，对冶金、电力、化工、建材、焦化、煤炭，以及跨区域、流域重大项目等试行环境工程监理制度。并要求对实行环境工程监理的建设项目，必须在项目竣工环境保护验收前提交环境工程监理报告，作为竣工环境保护验收的依据之一。2010年又下发了《关于进一步加强建设项目环境工程监理工作的通知》（晋环发〔2010〕160号），要求加强领导、健全机制、强化管理，充分认识环境工程监理工作的重要性和必要性。

2008年7月，青海省环境保护局下发了《青海省建设项目环境监理管理办法》（试行）文件（青环发〔2008〕342号），要求加强建设项目施工阶段的环境管理工作，严格执行建设项目环境保护“三同时”制度，防止建设项目施工期的环境污染和生态破坏，开展环境监理工作。

2008年6月，陕西省环境保护局下发《关于进一步加强建设项目环境监理工作的通知》（陕环发〔2008〕14号），要求建设项目施工过程中在开展工程监理的同时开展环境监理。同年7月，陕西省环境保护局环保产业管理中心下发了《关于加强建设项目环境监理管理工作的通知》，对环境监理工作及管理程序做出了具体的要求。

环办函〔2010〕630号

2009年，水利部印发了《关于开展水力工程建设环境保护监理的通知》（水资源〔2009〕7号），指出水利部有关部门通过培训、考核，初步建立了满足当前水利工程建设需求的环境保护监理队伍，结合近几年水利工程建设环境保护监理试点工作经验，决定在水利行业内正式开展水利工程建设环境监理工作。

环办函〔2011〕821号

2010年6月，环境保护部办公厅印发了《关于同意将辽宁省列为建设项目施工期环境监理工作试点省的复函》（环办函〔2010〕630号）文件，同意辽宁省作为建设项目环境监理试点省份，极大推进了辽宁省建设项目施工期环境监理工作的开展，这也是我国环境监理在省级范围内的首次全面试点。

2011年7月11日，环境保护部办公厅印发了《关于同意将江苏省列为建设项目环境监理工作试点省份的复函》（环办函〔2011〕821号）文件，提出试点工作需重点关注做好对环境管理的支撑工作、保证环境监理工作开展的时效性、环境监理的监督管理和技术规范研究四方面内容，并结合试点工作，加快推进全国环境监理技术导则的编制。

2012年1月10日，环境保护部办公厅印发了《关于进一步推进建设项目环境监理试点工作的通知》（环办函〔2012〕5号）文件,同意将河北省、山西省、内蒙古自治区、浙江省、安徽省、河南省、湖南省、陕西省、青海省、四川省、重庆市列为第二批建设项目环境监理试点省区市，推进各省区市环境监理工作的开展。

环办〔2012〕5号

根据中央生态文明体制改革精神，2015年12月，环境保护部发布了

《建设项目环境保护事中事后监督管理办法（试行）》，在国家层面明确了开展建设项目施工期环境监理工作是事中监督管理的重要内容。2016年4月，环境保护部办公厅发布了《关于废止〈关于进一步推进建设项目环境监理试点工作的通知〉的通知》，标志着我国试行了6年的环境监理试点工作的结束，同时环境监理工作纳入国家和各级环境保护部门环境管理工作内容。

二、国际环境监理的经验

目前国际上许多发达国家如美国、日本、英国、法国、德国、澳大利亚等对建设项目的环境规划及设计均有较完整的规范，建立了相关法律法规，明确了建设项目范畴、准入条件，提供了建设项目各个阶段管理机构应采取的环境管理措施规范。特别是对于公路建设项目环境监理，欧美一些国家在20世纪80年代就开始关注，并建立了公路环境保护法律体系和监理体制，形成了环境监理制度，对我国的环境监理具有一定的借鉴意义。

（一）北美环境监理的相关经验

1969年，美国制定了《国家环境政策法》，在世界范围内率先确立了环境影响评价制度，此法为其提供了可操作的规范性标准和程序。同时，美国制定了很多与生物环境相关的联邦法律，如1966年的水资源建设项目的鱼类和野生生物协调法案，1990年的沿海岸地区环境监理与改善法案，1977年的地表采矿控制与拓荒法案。以及影响最大的1978年的濒危物种法案（EAS）修正案。同时美国的建设项目可行性论证需要较长的时间，公众参与程度高，因此在后期建设过程中较好地避免了居民与承包商、业主之间的矛盾，保证了工程的顺利实施和如期完工。

美国交通部在公路监理局下设规划与环境保护处，直接负责项目规划和实施过程中的资源环境保护，拥有环境监理和监督职能。同时，在各个工程项目中都分别设有专门的环境监理部门，在环境监理和监督上基本不受其他部门的干扰，能够有效地保证“环保优先”。工程环境监理实施过程中，充分体现“尊重自然、恢复自然”的理念。工程环境监理的最主要内容是看是否将对自然的扰动、破坏努力控制在最小的限度内，如在施工前是否先将树木或树桩移走，建成后搬回原地栽植；在动物出没的地段是否建设动物通道，避免对动物栖息地的分割；是否尽量避绕森林、湿地、草原等重要生态区域等。施工过程中是否尽量采取一切措施，尽快地恢复原来的自然群落，公路绿化是否以保护沿线生活环境和自然环境，提高行车安全性和舒适性，提供和谐的公路景观为根本目的也是工程环境监理的重要内容。对于一切环保措施，都有专门的环境监理机构专职施行和监督。

加拿大建立了比较完善的公路环保法规体系，环保意识深入人心，公民对公路建设项目的参与感也较强。加拿大公路环境监理执法有较强的力度和可操作性，对违法行为进行重罚。由政府派出环境监督官员监督项目各个阶段的环境保护和环境监理工作。为避免生态环境在公路建设和维护中遭破坏，交通部门在承包合同中明确规定承包商必须承担的环保义务，并由环境监理部门监督实施。“尊重自然、恢复自然”的理念在加拿大的公路建设中得到了充分的体现。在施工环境监理中，注重对自然的扰动、破坏努力控制在最小限度内。工程环境监理的主要内容有：监理对施工中受影响的地区，事后是否通过选种适宜的花草树木等措施使其恢复生态平衡；是否详细调查每一棵树木，并尽可能地保护它们；针对野生动物经常出没的路段，是否有针对性地设置了环保标志保护动物；是否调查大型动物季节性迁徙或为觅食而经常走过的路径，并使之形成安全的动物通道等。目前，加拿大新斯科舍省和安大略省交通部门对高速公路工程建设都需要制订详细的环境监理计划。

（二）欧洲环境监理的相关经验

在英国，英格兰自然协会、威尔士乡村委员会和苏格兰自然遗产组织等自然保护方面的顾问以及其他的有关环境组织，在工程实施的初期就会参与进来，以促使形成一个更好的项目设计方案，帮助专家在设计初始就采取积极的环境保护措施。

德国于1980年制定了道路设计规范——《道路景观设计规范》（RAS2 LG1980），以保证公路建设中有效保护动、植物及各种自然特性、名胜古迹和风景等。德国交通部门为了避免、减少及补偿公路建设对环境造成的巨大而持续的影响，要求公路建设之前有关部门就拟订长期的保护措施以及严格的工程环境监理制度。在规划、设计、施工及养护的各个环节都重视公路沿线自然和风景区的保护。施工期间环境保护的效果主要靠环境监理来监督和保证。由于公路施工本身的原因造成对环境的影响或破坏时，环境监理机构应及时指出，并责成施工单位对环境损害进行补偿。德国工程环境监理主要包含以下内容：首先，在公路建设、营运及工程扩建中，对居民区内的交通噪声进行严格监理，如果超过了所规定的极限值，公路建设项目的承担者必须提供相应的噪声防护措施。其次，对空气中有害物质的极限值进行监理，如果超标，就要根据有关规定采取补救措施。再次，监理公路建设过程中是否尽最大可能避免对自然和风景区产生有害的影响，对无法避免的侵害必须通过自然保护措施和风景保护措施加以补偿。

瑞士政府制定了非常严格的法规，要求在公路施工期间设有专门的环境监理机构，采取严格的环境监理制度，落实环境保护措施，防止对环境造成污染。政府规定，公路项目施工完成以后，施工单位必须把现场恢复到自然的状态，完全消除人工的痕迹，还大自然本来的面目，由专门的环境监理机构负责监督执行。环境监测单位受项目环境监理办公室的委托，定期或不定期对工程施工区和影响区的重要参数进行监测。对发现的重要环境影响问题，提出纠正措施建议。由环境管理办公室组建环境专家组，定期对工程环境保护工作进行咨询、检查，并提出咨询建议和改进办法。此外，环境管理办公室还不定期聘请国内有关专家，就环境监理事项向他们咨询，如进行环境监理培训、专题研究等。瑞士政府规定，承包商是工程的实施机构，也是施工期环境保护措施的实施机构。在工程施工的整个过程中，承包商应当执行制定的各项施工期环境保护措施，并接受环境监理工程师、各级环保部门在环境保护方面的监督和检查。

（三）澳大利亚环境监理的相关经验

澳大利亚非常重视环境保护，在公路工程建设中，把环境保护落实到公路项目的各个环节和各个阶段中。澳大利亚环境监理部门非常重视公路项目施工对环境的影响，施工过程中着重对水、空气、土地、动植物、生态平衡进行保护，以及解决噪声等污染问题。施工中环境监理主要有以下内容：第一，实行施工单位环境监理资格证制度。环境保护部门依照各施工单位的环境保护的业绩评定其环境监理资质，具有相应环境监理资质的施工单位才能承担相应的建设工程环境监理工作。第二，严格施工计划审批制。施工单位在承揽项目后、开工前要编制详细的环境保护计划。环保计划要经过政府部门和监理机构批准后才能开工。第三，完善监测制度。施工单位在施工过程中，每月都要做一次环境监测报告，在施工过程中对水、空气、土地等的影响以及噪声等污染进行实时监测。环境监理部门定期进行检查并亲自抽查监测，以检验施工单位自检的可靠性。另外还有环境警察实施对执行环保法律的监察，确保环保标准落到实处。第四，环境监理部门认真执行环保标准，监督执行。控制交通的环境污染是澳大利亚环保的重要内容。

1.环保措施

（1）澳大利亚政府对环境保护有严格的立法，公路交通有关部门都必须严格遵守。

①当对环境造成严重的、不可恢复的污染时，执法部门将对责任公司处以100万澳元的罚款、对公司责任人处以25万澳元的罚款，并处7年监禁。

②对水、空气等造成污染者，将处以1000 ~ 20000澳元罚款。

③破坏环境保护标志，将处以200 ~ 1000澳元的罚款。

（2）监察监督环境，确保法律落到实处。

（3）设计部门在设计阶段严格控制公路工程对环境的影响。

（4）施工招标实行环保资格达标制，无相应环保资格的施工单位不得承包相应工程。

2.工程设计阶段的环保考虑

澳大利亚公路设计部门在设计阶段就十分注意环境保护，以确保所设计的工程项目无论在施工阶段还是在运营中都能满足联邦政府制定的有关环保标准。设计单位在项目的可行性研究、初步设计、详细设计等阶段都要做出环境保护评估报告，政府部门在设计的各阶段也邀请环保专家对设计项目做出环境保护审查报告，对达不到环保标准的采取改善设计、改变结构形式、改变施工方式，直至改线等措施。

设计阶段主要考虑空气污染、噪声污染、动植物保护、生态平衡、土地使用、文物保护、文化遗产保护等环境保护问题。

对于国家主要道路，澳大利亚尽量避绕城镇等居民集中居住区，以减少噪声危害。必须通过居民区时则采取有效隔声措施（如设置隔声墙）。澳大利亚高速公路上设置了不同形式的隔声墙，最常用的是木质隔声墙。钢架玻璃钢隔声墙隔声效果最好，但造价最高，仅在公路通过城市边缘或风景旅游区时采用。

路线如遇文物、文化遗产时，则根据具体情况采取迁移或改线等方式解决。路线通过动、植物保护区时，则采取有效措施，防止公路施工和运营对动、植物造成影响。对于动物活动区，澳大利亚政府在公路上设置了隔离栅，防止动物跑上公路。此外，还设置了警告标志，提醒驾车者注意。同时，澳大利亚政府还为动物设置了专门的过路通道，并在通道植树、植草以尽量保持地形原貌，不影响动物的正常生活习性。

3.施工中的环保措施

公路工程施工过程中如不注意环境保护，将会对环境造成重大影响，甚至造成严重破坏。工程施工对环境的影响早已引起澳大利亚环保部门的重视，因此其在施工过程中着重对水、空气、土地、动植物、生态平衡进行保护，同时解决噪声等污染问题。在此方面，澳大利亚政府主要采取以下措施：

（1）实行施工单位环境保护资格证制度。环境保护部门根据各施工单位以往工程中环境保护的业绩评定其环保资质，只有具有相应环保资质的施工单位才能承担相应的建设工程。施工单位的环保资质须定期审核，施工过程中出现破坏环境的过失行为时，视其情节轻重，处以罚款、暂停施工资格直至吊销施工营业执照等处罚。

（2）严格施工计划审批制。施工单位在承揽项目后、开工前要编制详细的环境保护计划，环保计划包括：辨别哪一方面将对环境造成明显影响、危险性预测、在施工中采取的环保措施、监测手段、建立有效的监理体系、明确责任制、紧急情况的处理措施、执行环保标准及特殊条款等内容。环保计划须经政府部门批准后才能开工。

（3）完善监测制度。施工单位在施工过程中，每月都必须做一次环境监测报告，在施工过程中对水、空气、土地等的影响以及噪声等污染进行实时监测。环境保护部门定期对其进行检查，并亲自进行抽查监测，以检验施工单位自检的可靠性。环境监察实施执法监督，确保环保标准落到实处。

（4）认真执行环保标准。由于拥有严格的法律和有效的监督机制，施工单位能认真执行标准、保护环境。施工时首先做好隔声墙，防止施工噪声影响附近居民生活。施工污水不允许直接排入自然沟渠，必须经过沉淀和物理、化学处理等工序使其达到有关标准后才能排入沟渠。

路基边坡挖好后及时对边坡进行覆盖，最常用的方法是在边坡表面撒一层树皮屑、再洒上水，一方面可防止大风季节裸露的边坡土扬起造成粉尘污染，另一方面也可起到保湿作用，使边坡草籽尽快生长，树皮腐烂后也将成为草皮的肥料。

施工完毕，所有施工垃圾将进行科学处理（搬运、掩埋或进行化学处理）。施工场地则进行绿化、恢复生态环境。

（5）交工前对工程进行环保评价。

第三节　环境监理的发展趋势

一、目前环境监理工作存在的主要问题

经过试点工作的开展，我国环境监理在技术规范、机构准入、队伍建设、收费等制度建设方面进行了积极探索，并取得了显著的成效。但现阶段仍存在以下问题制约着环境监理工作的进一步发展。

（一）企业对环境监理认识不够

当前，很多企业对环境监理制度不了解，普遍认为环境监理是花钱买建设项目的环保验收通行证，甚至会对环境监理机构有抵触情绪，误把监理机构当作环保执法部门，不愿支持、配合监理单位的工作，增加了环境监理工作的难度。

（二）环境监理法律保障不足

我国现行法律中，还未有明确的关于环境监理的规定，仅是环保部门发布的规章中有环境监理的要求。环境监理的工作依据还仅限于环境影响评价审批文件，主要依靠试点项目或行政力量推动，全面推行在法规上存在较大难度。

（三）监理单位工作水平参差不齐

各地出台的环境监理文件，虽对工作内容、程序、方法等有所界定，但均处于探索阶段，未有明确、统一的标准。另外，环境监理权责和收费标准均不明确，环境监理更多体现的是建设单位的意志，而不是环境保护部门的要求，其对建设单位、施工单位的违规行

为只能进行告知、督促，如其拒不改正也只能听之任之。

(四)环境监理队伍有待提高

目前环境监理单位基本由各省级环保厅认定，认定时设置了具体的条件，如需具备相应的规模、人员、资质证书等，但缺乏资质管理办法，尤其是在国家层面上缺乏有力支持。此外，全国环境监理人才短缺。目前的状况是环境监理的人才培养基本依赖于原环境保护部环境工程评估中心、中国环境科学学会以及地方相关学会等开设的环境监理培训班。培训班为社会培养的环境监理人才数量十分有限。同时，全国设有环境类专业的高等院校中仅有极少数开设“环境监理”课程。高等院校在环境监理人才培养方面发挥的作用很弱。

二、我国环境监理工作的发展方向

经过20多年的探索与积极试点，我国环境监理工作正走向更加成熟的阶段。未来环境监理工作的主要发展方向表现在：①加快环境监理制度建设；②建立环境监理技术质量保障体系；③强化环境监理工作的监督实施；④探索广泛的环境监理人才培养机制。

(一)加快建设项目环境监理制度建设

尽快形成全国性的建设项目环境监理管理办法，确定建设项目环境监理的法律地位；进一步明确环境监理工作范围、工作程序、工作内容、工作方法和要求；确定建设项目环境监理单位准入条件和规范，加强对环境监理单位的监督和考核。

(二)建立建设项目环境监理技术质量保障体系

逐步建立建设项目环境监理技术规范体系，颁布环境监理技术规范、技术细则、标准、指标考核和验收、收费指导标准等。统一建设项目环境监理技术工作程序、内容、方法和要求，推动建设项目环境监理工作的科学化、规范化发展。技术咨询和审查是提高建设项目环境监理工作质量和“三同时”验收管理效率的重要手段和环节，应积极探索并开展环境监理方案和技术报告审查咨询制度。建设项目环境监理报告应全面、客观、公正地反映建设项目环保“三同时”的落实情况及施工期环境监测结果，建设项目环境监理单位和项目负责人应对环境监理结论负责。

(三)强化建设项目环境监理工作的监督实施

环评批复文件明确要求开展环境监理的建设项目，其工程概预算应包括环境监理费用。建设单位应将环境监理作为该项目的一项重要环保要求予以落实，并将环境监理费用纳入工程概预算。建设单位定期向负责“三同时”监督管理的环境保护行政主管部门报送建设项目环境监理报告。环境保护行政主管部门应将环境监理报告作为建设项目试生产（试运行）审批和竣工环保验收的重要收据之一。

（四）探索符合环境监理发展实际的人才培养机制

提高环境监理队伍业务素质是一项长期而艰巨的任务，必须探索符合环境监理发展实际的人才培训机制。当务之急是多渠道并举，全面提高环境监理从业人员的业务素质，以缓解并彻底解决监理人才的年龄与知识结构的问题：①继续大力推行环境监理培训工作，开展不同层次的监理人员培训，如环境监理企业管理人员的培训、总监理工程师培训、监理工程师及监理员培训等。②大力开展行业内部业务互访和合作，取长补短、交流提高。③联合和鼓励高等院校开设“环境监理”课程，可以专科为培养起点，逐渐提高办学层次，并结合实际需要培养一批高层次环境监理人才。④环境监理单位应以良好的工作条件和待遇吸引高素质、高水平的人才，构筑人才高地。

开展建设项目环境监理工作，对确保环境保护“三同时”制度的有效落实，提高环境保护工作力度，完善全过程环境管理，提高建设单位环保自律具有重要意义。随着人们认识的提高、环境监理经验的积累、环境监理机制的完善、管理效果的不断提升，环境监理必将贯穿所有建设项目的全过程环境影响管理之中。建设项目环境监理工作的开展，是我国环境管理的一次飞跃，是环境管理模式从重点环节向全程控制的重要转变。

本章小结

通过本章的学习，我们对环境监理的定义、定位、性质和发展历史有了初步的认识和了解。建设项目环境监理是指环境监理企业接受建设项目法人委托，按照“守法、诚信、公正、科学”的原则，根据国家与地方建设项目环境保护管理的法律、法规、标准，建设项目环境影响评价报告及环境管理部门的批复文件的相应要求，以及建设项目环境监理合同等，对建设项目实施专业化的环境保护咨询和技术服务。环境监理是一种第三方的咨询服务活动，它不同于环境监察，也不同于工程监理。我国的环境监理工作开始于1995年，在世界银行贷款的大型项目——黄河小浪底工程建设中首次引进了工程环境监理管理模式。经过20多年的探索和积极试点，我国环境监理工作正走向新的更加成熟的阶段。环境监理的实施对我国环境保护事业的发展具有重要的作用。

复习思考题

1. 什么是环境监理?
2. 环境监理的性质是什么?
3. 目前我国哪些项目需要开展环境监理工作?
4. 目前环境监理工作存在的主要问题有哪些?
5. 建设项目环境监理实施的意义是什么?
6. 工程监理和环境监理有什么区别和联系?
7. 某项目建设中需要配套建设污水处理设施工程，那么该污水处理设施工程的工程质量和工程进度由谁负责监督管理?

本章重点内容讲解

拓展信息

1. http://www.china-eia.com（中国环境影响评价网）
2. 其他相关信息：与环境监理相关的专业名词

与环境监理相关专业名词

第二章 环境监理的基础知识

第一节 环境监理的基本类型

一般地，目前我国环境监理大体分为生态类建设项目环境监理和工业类建设项目环境监理。

一、生态类建设项目环境监理

生态类建设项目通常是指在施工和运行期排放固体废弃物、废水、废气、噪声的同时，更多地对地形地貌、水体水系、土壤、人工或自然植被、动物等生态因子产生影响，从而显著影响周边的生态系统，或对其产生环境风险。生态类建设项目是在环境管理学范畴相对宽泛的归纳，通常指水利、水电、矿业、农业、交通运输、旅游、海洋开发等项目。为保护生态健康，避免在施工过程中对生态环境造成不必要的损害，需要在建设该类项目时对其进行环境监理。

生态类建设项目环境监理主要研究减轻开发区域或施工场地内重要生态要素与生态系统遭受破坏或污染的措施；明确对建设施工造成的生态破坏设定的恢复治理目标、步骤与时限，构建对绿化、植树造林与草场建设等活动可能带来的外来物种入侵的防范措施；建立开发区内或施工现场的环境监测方案；具体落实生态环境保护实施的项目、机构、制度、资金与保障措施，特别注重环境保护设施的建设等。

生态类建设项目环境监理的原则：要体现法律法规的严肃性；要有明确的目的性；要有一定的超前性；要注重实效，提高针对性；坚持“预防为主”的原则；遵循生态环境保护基本原理；实施功能补偿原则；强化生态敏感区重点工作原则。

二、工业类建设项目环境监理

对新建、扩建、改建的工业区和工程项目实行的环境监理统称为工业类建设项目环境监理。简单地说，除了生态类之外的建设项目均属于工业类建设项目。对于工业类建设项目，随着我国市场经济体系的逐步建立，投资多元化带来了新的环境挑战，许多投资者基于资金、效益和管理等方面的因素，在项目建设期间未能充分考虑环保设施的建设，给项目投产后污染物达标排放留下了严重隐患。有些项目没有按照环境影响评价报告书及环境保护行政管理部门的批复要求进行设计和施工，擅自改变生产规模、生产工艺和主要设备；擅自调整排污管的走向，项目投产后污染物突破排放总量控制的要求；环保设施无法达标，为项目投产后的违规暗排提供方便，给环境保护管理造成困难，同时也造成大量的经济损失。对于工业类建设项目实施环境监理可以在初始阶段发现问题，从而及时监督整改，坚决杜绝非标准排放口的建设，为建设项目的顺利实施和生产创造条件。

第二节　环境监理实施

一、环境监理的实施原则

环境监理企业受业主的委托对工程实施环境监理时，应遵守以下基本原则。

（一）公正、独立、自主的原则

环境监理工程师在建设工程环境监理中必须尊重科学、尊重事实，组织各方协同配合，维护有关各方的合法权益。为此，必须坚持公正、独立、自主的原则。业主与承建单位虽然都是独立运行的经济主体，但他们追求的经济目标有差异，环境监理工程师应在按合同约定的权、责、利关系的基础上，协调双方的一致性。只有按合同的约定建成工程，业主才能实现建设项目环境保护目标，真正做到建设项目“三同时”的要求。

（二）权责一致的原则

环境监理工程师承担的职责应与业主授予的权限一致。环境监理工程师的环境监理职权，依赖于业主的授权。这种权力的授予，不仅体现在业主与承建单位之间签订的委托环境监理合同中，而且还应作为业主与承建单位之间签订的建设工程合同的条件。因此，环境监理工程师在明确业主提出的环境监理目标和环境监理工作内容要求后，应与业主协商，明确相应的授权，达成共识后明确反映在委托环境监理合同中及建设工程合同中。据此，环境监理工程师才能开展环境监理活动。

总环境监理工程师代表环境监理单位全面履行建设项目环境监理工作，承担合同中确定的环境监理单位向业主单位所应承担的义务和责任。因此，在委托环境监理合同实施中，环境监理单位应给总环境监理工程师充分的授权，体现权责一致的原则。

（三）总环境监理工程师负责制的原则

总环境监理工程师是环境监理全部工作的负责人。要建立和健全总环境监理工程师责任制，就要明确权、责、利关系，健全项目环境监理机构，具有科学的运行制度、现代化的管理手段，形成以总环境工程师为首的高效能的决策指挥体系。

总环境监理工程师负责制的内涵包括以下两方面。

1. 总环境监理工程师是环境监理的责任主体

责任是总环境监理工程师负责制的核心，它构成了对总环境监理工程师的工作压力与动力，也是确定总环境监理工程师权力和利益的依据。所以，总环境监理工程师是对业主和环境监理单位负责的责任承担者。

2. 总环境监理工程师是环境监理的权力主体

根据总环境监理工程师承担责任的要求，总环境监理工程师全面领导建设工程的环境监理工作，包括组建项目监理机构，主持编制建设项目环境监理方案，组织实施环境监理活动，对环境监理工作总结、监督和评价。

（四）严格监理、热情服务的原则

严格监理，就是各级环境监理人员严格按照国家相关的环保政策、法规、规范、标准和环境影响评价及批复要求的环境保护目标，依照既定的程序和制度，认真履行职责，对承建单位进行严格监理。

环境监理工程师还应为业主提供热情的服务，“应运用合理的技能，谨慎而勤奋地工作”。由于业主一般不熟悉建设项目的环保管理和技术业务，环境监理工程师应依据委托合同的要求，多方位、多层次地为业主提供良好的服务，维护业主的正当权益。但是，不能因此而一味地向各承建单位转嫁风险，从而损坏承建单位的正当经济利益。

（五）综合效益的原则

环境监理活动既要考虑业主的经济利益，也必须考虑与社会效益和环境效益的有机统一。环境监理活动虽经业主的委托和授权才得以进行，但环境监理工程师应首先严格遵守国家的建设项目环境保护法律、法规、标准、环境影响评价及批复等要求，以高度负责的态度和责任感，既要对业主负责，谋求最大的经济利益，又要对国家和社会负责，取得最佳的综合利益。只有在符合宏观经济效益、社会效益和环境效益的条件下，业主投资项目的微观经济效益才能得以实现。

二、环境监理的实施程序

环境监理的主要实施程序如下：

（1）环境监理投标单位通过研读环境影响报告及批复文件、初步设计及批复文件和其他工程基础资料在踏勘现场的基础上制定环境监理初步方案（大纲）。

（2）通过招投标等方式承揽环境监理业务，与业主（建设单位）签订环境监理合同，同时组建项目环境监理部。

（3）对工程设计文件进行环保审核（设计阶段环境监理）。

（4）施工开始前，根据前期工作编制环境监理实施细则，进一步明确环境保护工作重点，并向承包商进行环境保护工作交底。

（5）根据环境监理实施细则和相关文件的要求，开展施工期环境监理工作。

（6）项目完工后协助业主申请试运行，编制环境监理阶段报告。

（7）试运行阶段，协助建设单位完善主体工程配套环保设施和生态保护措施，健全环境管理体系并使其有效运转。

（8）协助建设单位组织开展建设项目竣工环境保护验收准备工作，编制环境监理总结报告，向业主单位移交环境监理档案资料。

环境监理实施总体工作程序如图2-1所示。

三、环境监理的范围与依据

（一）环境监理的范围

环境监理范围是指工程环境监理单位所承担的工程环境监理任务的工作范围，如果工程环境监理单位承担全部工程建设项目的环境监理任务，监理范围为全部建设工程及其工程影响区域；否则应按监理单位承担的工程建设标段或子项目划分确定工程范围及其工程影响区域。

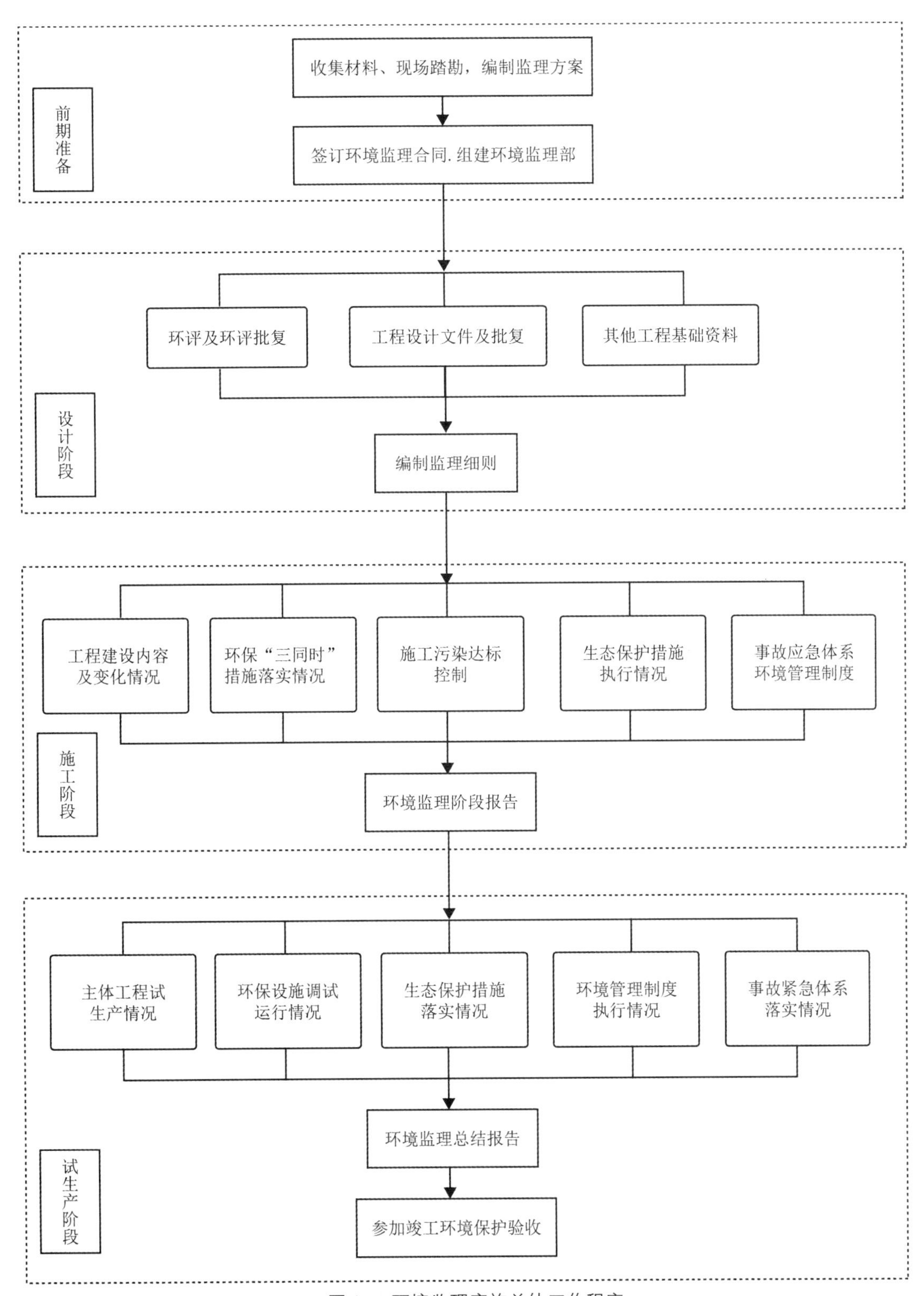

图 2-1 环境监理实施总体工作程序

(二)环境监理的依据

目前，在实践环境监理工作时主要依据是与建设项目环境保护相关的法律、行政法规、部门规章、规范标准、地方法规及技术文件、环境影响评价报告及其批复文件、相关合同等。

1. 相关法律

《中华人民共和国宪法》第九条第二款规定：“国家保障自然资源的合理利用，保护珍贵的动物和植物。禁止任何组织或者个人用任何手段侵占或者破坏自然资源。”第二十六条明确规定：“国家保护和改善生活环境和生态环境，防治污染和其他公害。”

《中华人民共和国环境保护法》是我国环境保护的基本法。第十三条规定：“建设污染环境的项目，必须遵守国家有关建设项目环境保护管理的规定。建设项目的环境影响报告书，必须对建设项目产生的污染和对环境的影响作出评价，规定防治措施，经项目主管部门预审并依照规定的程序报环境保护行政主管部门批准。环境影响报告书经批准后，计划部门方可批准建设项目设计任务书。”第二十四条规定：“产生环境污染和其他公害的单位，必须把环境保护工作纳入计划，建立环境保护责任制度；采取有效措施，防治在生产建设或者其他活动中产生的废气、废水、废渣、粉尘、恶臭气体、放射性物质以及噪声、振动、电磁波辐射等对环境的污染和危害。”第二十六条规定：“建设项目中防治污染的设施，必须与主体工程同时设计、同时施工、同时投产使用。防治污染的设施必须经原审批环境影响报告书的环境保护行政主管部门验收合格后，该建设项目方可投入生产或者使用。”

此外，针对污染防治和资源保护，颁布实施了大量专项法，在进行相关工作时都需参考，如《中华人民共和国清洁生产促进法》《中华人民共和国大气污染防治法》《中华人民共和国水污染防治法》《中华人民共和国海洋环境保护法》《中华人民共和国环境影响评价法》《中华人民共和国放射性污染防治法》《中华人民共和国环境噪声污染防治法》《中华人民共和国水法》《中华人民共和国草原法》《中华人民共和国水土保持法》《中华人民共和国森林法》《中华人民共和国渔业法》等。

2. 行政法规

行政法规是指由国务院制定并公布的环境保护规范性文件。它分为两类：一类是为执行某些单行法而制定的实施细则或条例；另一类是针对某些尚无相应单行法律的重要领域而制定的条例、规定或办法。与环境监理相关的行政法规主要有《建设项目环境保护管理条例》《自然保护区条例》《野生植物保护条例》《风景名胜区管理条例》《基本农田保护条例》《防治海岸工程建设项目污染损害海洋环境管理条例》《防治船舶污染海洋环境管理条例》等。

3. 部门规章

在国家有关法律法规的基础上，国务院各部委单独或与国务院有关部门联合发布的环境保护规范性文件。它以相关的环境保护法律法规为依据制定，或针对某些尚无法律法规调整的领域做出相关规定。如《建设项目竣工环境保护验收管理办法》《交通行业环境保护管理规定》《交通建设项目环境保护管理办法》《交通部环境监测工作条例实施细则》等。

4. 地方性法规和地方政府规章

环境保护地方性法规和地方性政府规章是依据宪法和法律享有立法权的地方权力机关和地方行政机关（包括省、自治区、直辖市、省会城市、国务院批准的较大的市及计划单列市的人民代表大会及其常务委员会、人民政府）制定的环境保护规范性文件。如《浙江省环境保护条例》《浙江省建设项目环境保护管理办法》等。这些法规是对国家环境保护法律法规的补充和完善，具有较强的针对性和可操作性，同样是施行环境保护监理的依据。

5. 相关标准、规范

环境标准中的环境质量标准和污染物排放标准，均为强制性标准，是环境保护法律法规体系的重要组成部分。如《地表水环境质量标准》《污水综合排放标准》等。工程标准规范一般都编制专门条款规定了环境保护工作的内容。如《建设工程监理规范》《公路路基施工技术规范》《公路环境保护设计规范》等。

6. 环境影响评价报告书（表）及批复文件

建设项目的环境影响评价报告书（表）及其批复文件，是建设项目环境监理工作最重要的依据，其中针对设计期、施工期、运营期提出的污染防治措施与生态恢复以及环境监测是环境监理工作关注的重点。

7. 工程设计文件、环境监理合同、施工合同以及有关补充协议

设计文件包括工程初步设计、施工图设计、环保专项设计等。建设项目的设计阶段，往往已考虑到了一些重大的环境保护问题，并在设计文件中有所反映。如生态恢复措施、污染防治设施等，可以作为环境监理工作的依据。

建设单位委托开展施工过程环境保护监理的合同，以及有关的补充协议，都明确规定了环境保护监理单位的权利、责任和义务，是环境监理单位开展工作的直接依据。

四、环境监理的工作方法与制度

（一）环境监理的工作方法

在环境监理实际工作开展中采取的工作方法有很多种形式，主要包括核查、监督、咨询、报告、宣传培训、验收等。

1. 核查

依照环境影响评价报告及批复内容，在项目建设各阶段核查项目建设内容、选线选址、污染防治措施、生态恢复措施的符合情况等。其可以分为对设计文件的核查、对施工方案的核查以及对实际建设内容的核查。

（1）对设计文件的核查

在项目设计阶段，核查项目设计中建设内容、选线选址、污染防治措施、生态恢复措施等环境影响评价及批复中的内容是否会出现调整变化。环境监理参与设计会审是为了体现事前预防的作用，环境监理在参与设计会审中，根据产业政策及环境影响评价相关法规仔细核对项目环境影响评价与设计文件的符合性，对调整的内容及其可能产生的环境影响进行初步判断，并及时反馈给建设单位，建议建设单位完善相关环保手续或要求设计单位进行补充完善。具体分为对主体工程设计核查以及配套环保设施设计核查。

（2）对施工方案的核查

项目实施过程中，环境监理核查各承包商报送的分项施工组织设计、施工工艺等涉及环境保护的内容，特别是部分分项施工工程涉及自然保护区、饮用水水源保护区等环境敏感区域时，环境监理必须做好对施工方案的审核，在环境监理审核通过后方可进行相关的施工工序。

（3）对实际建设内容的核查

在项目施工及试运行过程中，也会出现由于市场原因调整建设内容的情况，环境监理通过资料核对及现场调查的方式，全程持续调查项目实际建设的工程内容、污染防治措施、生态恢复措施等是否按照设计文件实施，是否较环境影响评价文件内容出现调整，是否有效落实了环保“三同时”制度。

综合以上内容，环境监理在采取核查工作方法时，应重点核查的内容包括：对照核查设计文件（含施工图、施工组织）与环境影响评价时的工程方案变化情况，如发生重大变化，应尽快提醒建设单位履行相关手续；重点关注项目与相关环境敏感区位置关系的变化、施工方案的变化可能带来的对环境敏感区影响的变化；重点关注针对环境敏感区采取的环保措施和生态恢复措施是否落实到设计文件中。

2. 监督

在实际工作开展中，一般采用以下工作方式对工程建设项目开展环保监督工作。

（1）巡视

环境监理单位在及时与建设单位沟通的前提下，按照一定频次对项目的建设现场开展巡视检查。巡视检查的主要工作内容是掌握项目工程的实际建设情况和进度，根据建设情况和进度对建设项目的批建符合性、环保“三同时”、施工环保达标、生态保护措施等方面现场查找问题，提出建议，并做好现场巡视记录。巡视检查是环境监理的主要工作方式之一。

（2）旁站

旁站是指在某些施工程序设计环境敏感区域，可能对周围环境、生态造成较大影响，或是隐蔽工程等关键工程进行时，环境监理单位应对施工工序的关键工程采取全程现场跟班监督活动，如防腐防渗工程、环保治理设施安装过程及现场环境监测等，环境监理应采取旁站形式。在施工工序和关键工程开始前到场旁站，重点检查要求的污染防治措施和生态保护措施是否保护到位，关键设施和环保设备是否按照环境影响评价及设计的要求进行施工和安装等；在关键施工工序、关键工程建设和环保设备安装结束后方可离开，离开前应检查评估施工造成的污染和生态破坏是否控制在既定的目标内，隐蔽工程、防腐防渗工程功能是否符合环境影响评价及设计等内容。在旁站过程中，环境监理单位应做好定时记录，并将评估结果整理上报给业主（建设单位）。

（3）跟踪检查

在环境监理巡视、旁站过程中发现的环保问题，以环境监理联系单建议相关单位（以通知单形式要求施工单位）进行整改。在相关环保问题的整改完成后，环境监理单位应对相应问题的整改情况进行跟踪检查。

（4）环境监测

在环境监理巡视、旁站监理过程中，为了掌握日常施工造成的环境污染情况，环境监理单位通过便携式环境监测仪器进行简单的现场环境监测，辅助环境监理工作；涉及较复杂的环境监测内容可以自行建立工地实验室或建议建设单位另行委托有资质的单位开展施工期环境监测工作。

3. 咨询

环境监理应注重为建设单位提供全过程的专业环保咨询服务。环境监理单位在项目建设期就建设单位在污染防治措施、环保政策法规、环保管理制度等方面遇到的问题，通过自身及环保专家库等技术储备提供解决方案，协助建设单位进行落实，提高建设单位环保技术和管理水平。

（1）设计阶段环保咨询

参与项目设计会审，复核项目设计文件中是否包含了环评及批复中要求的环保措施，即检查环保措施是否与主体工程进行了“同时设计”。环境监理应全面、准确地掌握工程的环境保护要求，以便在图纸设计阶段及时发现问题，发挥事前监督作用，从技术上为建设单位把关。针对设计文件中存在的遗漏或需修改的内容，以“环境监理工作联系单”形式提交建设单位，以便建设单位及时要求设计单位修改完善。

（2）施工阶段环保咨询

施工阶段的环保咨询工作，主要是对工程建设的“三同时”执行情况、环境污染、生态破坏防治及恢复的措施进行技术监督，协助企业做好施工期环境污染控制。通过现场工作方式对项目整体进度进行把握，分析项目施工过程中工程措施的合理性，同时从环保专业知识角度出发，对工程措施提出规避环保风险的合理化建议。

（3）试运行阶段环保咨询

环境监理在试运行阶段进行的环保咨询，包括协助建设单位完善各类环境监管制度、突发环境污染事故应急预案、环保设施运行台账、操作规程等，协助建设单位申报危险废物转移计划、落实联单制度，制订日常环境监测计划。其中环境事故应急体系是项目环境管理制度的重要环节，包括事故应急设施、突发环境污染事故应急预案和事故应急演练。在试运行期，环境监理单位协助企业完善事故应急体系，落实事故应急物资，明确应急人员职责，加强事故应急设施日常维护。

在项目投入试生产（运行）后，环境监理人员运用专业知识，对建设项目实际污染源及源强进行分析，在项目环境影响评价和设计文件存在遗漏的情况下寻找对外排放污染物的资源综合利用方法，通过增强建设环保配套治理措施“变废为宝”，减少“三废”的产生量，同时提高资源的循环利用率，为企业创造经济价值。原辅材料消耗直接影响项目排放的污染源强，环境监理在试生产（运行）期间还应关注项目主体工程的原辅材料消耗情况。

4. 报告

（1）定期报告

环境监理开展各时段时限内必须根据现场工作记录按照规定格式编写整理汇报总结材料，如环境监理联系单、月报、季报、年报、专题报告、工程污染事故报告、监理阶段报告、监理总结报告等，并及时报送建设单位，便于建设单位及时掌握工程环境保护工作状态和环境状态，有针对性地组织实施环境保护措施。

（2）专题报告

在项目出现批建不符、环保“三同时”落实不到位或其他重大环保问题时，需形成环境监理专题报告上报建设单位。工程施工如涉及环境敏感区段，应编制环境监理专题报告。

5. 宣传培训

（1）宣传

工程建设人员的生态环境意识直接影响施工过程环境保护工作效果，因此提高工程建设人员的环境保护意识十分重要。环境监理在开展宣传工作时应着重两个宣传对象：一是工程监理单位，通过宣传使工程监理单位认同工程环境保护理念和要求、配合和支持环境监理工作、强化工程建设中的环境管理工作，在实现工程环境保护目标过程中发挥其应有的作用；二是承包商，使承包商树立工程建设的综合效益观，深刻认识环境保护是工程建设的重要内容。

宣传内容包括施工期环保知识和环境保护法规、政策等。宣传的途径可以通过环境监理召开工地会议发放书面宣传材料、制作宣传标语和环境保护警示牌、组织开展环境保护知识问答和竞赛等多种形式。

（2）培训

环境监理应协助建设单位对各参建单位有关人员开展环境保护培训，培训形式可以采取授课、讲座、考试等形式，在工作制度中明确提出培训要求，规定工程监理单位应协助建设单位组织工程施工、设计、管理人员进行环境保护培训，培训内容可根据项目实际内容选择。

6. 验收

环境监理参加合同项目完工验收，检查合同项目内规定的环境保护措施落实情况。通过单项合同项目验收的环境保护检查，为工程整体验收打下良好基础。环境监理配合建设单位组织开展建设项目竣工环境保护专项验收准备工作。环境监理单位参加建设项目竣工环境保护验收现场检查会议，并着重介绍环境监理工作情况。对于验收检查组提出的需整改的问题，协助建设单位进行落实整改。

（二）环境监理的工作制度

在环境监理实际工作开展中采取的主要工作制度有：工作记录制度、报告制度、函件来往制度、环境监理会议制度、奖惩制度、环保措施竣工自查和初验制度、事故应急体系及环境污染事件处理制度、人员培训和宣传教育制度、档案管理制度、质量保证制度等。

1. 工作记录制度

工作记录是信息汇总的重要方式，是环境监理工作做出决定的重要基础资料。工作记录的表现形式和主要内容为：监理日志；现场巡视和旁站记录；会议记录；气象及灾害记录。

2. 报告制度

环境定期报告制度：环境监理单位应根据工作进度，定期编制监理工作月报、季报、年报等定期报告提交至建设单位。报告应包含：工程概况、环境保护执行情况、主体工程环保工程进展、施工营地和工程环保措施落实情况、环保事故隐患或环保事故、监理工作中存在的主要问题及建议。

环境专题报告制度：在项目出现批建不符、环保“三同时”落实不到位或其他重大环保问题时，需形成环境监理专题报告报建设单位。工程施工如果涉及环境敏感目标，如自然保护区、风景名胜区等，建议编制环境监理专题报告，反映环保应重点关注对象，提出环保要求。

环境监理阶段报告制度：项目完成施工后、在申请试运行前，环境监理单位应就项目设计、建设过程的环境监理工作总结，反映工程环境保护工作存在的问题并提出处理建议，编制形成环境监理阶段报告。环境监理阶段报告是项目申请试运行的必备材料之一。

环境监理总结报告制度：在开展竣工环境保护验收的准备工作阶段，环境监理单位应就项目建设期的环境保护设计、实施、试运行情况和相应的环境监理工作情况进行总结，反映工程环境保护存在的问题并提出处理建议。环境监理总结报告是建设项目申请竣工环境保护验收的必备材料之一。

3. 函件来往制度

环境监理单位在对施工现场进行巡视检查时如发现重大环境问题，应及时向施工方下达《环境监理通知单》或《环境监理工程暂停令》，并负责对整改情况进行监督、闭合。施工方对环境问题处理结果的答复以及其他方面的问题，需及时致函回复环境监理工程师。环境监理单位在给施工方下达《环境监理通知单》时，同时抄送建设单位，并将整改、闭合情况上报建设单位。环境监理工作人员通过核查设计文件、现场巡视发现工程设计内容与环评及批复内容存在差异、环保“三同时”落实不到位、存在环境问题时，应及时向建设单位报送《环境监理工作联系单》。环境监理编制的定期报告，如月报、季报，定期报送建设单位。

4. 环境监理会议制度

环境监理应按照工作进度和实际情况组织召开环境监理工作会议，以讨论、协调、解决建设过程中存在的各类环保问题；环境监理会议主要包括第一次环境监理工作会议、环境监理例会、环境监理专题会议等形式。环境监理应以会议纪要的形式反映会议成果，报送参会单位和相关单位，作为约束履行各方行为的依据。

5. 奖惩制度

环境监理应在建设单位的支持下，结合施工承包合同条款和建设单位相关管理制度和要求，建立工程环境保护奖惩制度以推动环境保护工作、提升环境监理工作成效。对认真履行施工合同环境保护条款和执行环境监理工作指令，环境保护效果突出的承包商，提请建设单位给予相应的奖励；对不能严格按照合同要求落实环境保护措施和要求、对环境监理工作指令执行不到位的承包商，提出相应的处罚。

6. 环保措施竣工自查和初验制度

在建设项目中的环保措施的部分单项工程或单位工程结束时，环境监理应在申请验收前要求施工单位自查，然后及时组织建设单位、工程监理对单项工程或标段开展内部的环保初验工作，目的是提前发现问题并督促施工单位自行整改。

7. 事故应急体系及环境污染事件处理制度

环境监理应协助建设单位、指导和监督承包商等参建单位制定应对突发性环境事件的紧急预案，监理应急系统，配备应急设备、器材，督促各单位开展日常演练、对设备进行经常维护保养。

在出现重大污染事件时按如下程序处理：

（1）施工方在事故后除了在规定时间内口头报告监理工程师以外，还应尽快提出书面报告，报告事故初步调查结果，报告应初步反映该工程名称、部位、现状、原因、应急环保措施等。

（2）环境监理工程师在接到报告后立即通报建设单位，并通过建设单位及时向当地政府部门汇报，同时书面通知施工单位暂停该工程的施工，并依据环境保护行政部门的相关意见，采取有效环保措施。

（3）环境监理工程师和施工方对污染事故继续深入调查，并和有关方商讨后，提出事故调查报告和初步处理方案，通过建设单位交给环保主管部门处理。

（4）监督施工方做好善后工作。

8. 人员培训和宣传教育制度

人员培训和宣传教育制度是统一工程环境保护认识、提高工程建设人员环境保护意识的重要制度。宣传和培训的内容包括环境保护法规政策、建设项目环境保护知识、本工程环境保护特点和环境保护要求等。宣传方式可灵活选择，包括工作会议、编制宣传手册或者授课、讲座、竞赛等。

9. 档案管理制度 ……………………………………………………………………

档案管理制度主要对环境工程信息文件进行管理。监理单位应结合工程实际建立环境保护信息管理体系，制定文件管理制度，重点就文件分类、编码、处理流程、归档等方面予以规定。对往来文函、日常监理工作技术资料等应定期整理，内部保存或送建设单位归档。

10. 质量保证制度 ……………………………………………………………………

环境监理应严格按照国家及地方有关规定、技术规范和有关质量控制手册中的相关规定开展工作。监理应该严格按照监理方案和实施细则进行，并对其间发生的各种情况进行详细记录。阶段报告与总结报告须执行内部多级审核制度。

（三）环境监理常用工作用表

环境监理常用的工作用表如表2-1至表2-9所示。

环境监理业务联系单

表2-1　环境监理业务联系单

日期：　　　　　　编号：

<table>
<tr><td>致：
事由：

项目环境监理机构（章）：__________
总环境监理工程师：__________
日　　期：__________
抄送：建设单位</td></tr>
<tr><td>主受文单位签署意见：

承包单位（章）：__________
项目经理：__________
日　　期：__________</td></tr>
</table>

环境监理整改通知单

表2-2 环境监理整改通知单

工程名称： 编号：

<table>
<tr><td>致：
事由：

内容：

项目环境监理机构（章）：______
总环境监理工程师：______
日　期：______
抄送：建设单位</td></tr>
<tr><td>主受文单位签署意见：

承包单位（章）：______
项目经理：______
日　期：______</td></tr>
</table>

表2-3　环境监理工程师通知回复单

工程名称：　　　　　　　　　编号：

<table>
<tr><td>致：　　　　　　　　（环境监理单位）
　　我方接到编号为 ______________ 的环境监理工程师通知后，已按要求完成了工程的环境保护工作，先上报，请予以复查。
详细内容：

承包单位：______________
项目经理：______________
日　　期：______________</td></tr>
<tr><td>监理机构复查意见：

项目环境监理机构（章）：______________
总环境监理工程师：______________
日　　期：______________</td></tr>
</table>

表2-4 环境监理日志

工程名称：　　　　　　　　　编号：

<table>
<tr><td>日期：　　年　　月　　日</td><td>星期：</td><td>天气：</td></tr>
<tr><td colspan="3">现场巡视情况：</td></tr>
<tr><td colspan="3">发现的问题及处理情况：</td></tr>
<tr><td>记录人：</td><td colspan="2">总环境监理工程师：</td></tr>
</table>

表2-5 环保工程设计变更申请单

工程名称：　　　　　　　　　　编号：

<table>
<tr><td>申请单位</td><td></td><td>工程名称</td><td></td></tr>
<tr><td>有关设计院</td><td></td><td>环保专业</td><td></td></tr>
<tr><td colspan="4">申请修改理由：
(　　) 图纸有误　(　　) 业主要求　(　　) 为施工方便　(　　) 为节省投资
(　　) 为保证质量　(　　) 因图纸相关部位改动
要求修改内容的详细说明（可另附页）：

拟稿人：________ 部门经理 / 项目环保总监（代表）：________
年　月　日</td></tr>
<tr><td colspan="4">环境监理工程师初审意见：

建议修改方式：(　　) 自行修改　(　　) 通知设计单位修改　(　　) 另行委托
签名：________
年　月　日</td></tr>
<tr><td>环境总监
审核意见：

总环境监理
工程师：

年　月　日</td><td colspan="3">业主意见：

业主签章：

年　月　日</td></tr>
<tr><td>设计修改
情况记录</td><td colspan="3">环保总监跟踪修改反馈意见：

设计总监：

年　月　日</td></tr>
</table>

表2-6 污染物排放审批单

工程名称：　　　　　　　　编号：

<table>
<tr><td>致：________________（环境监理单位）
我单位已完成__________工程的环境保护工作，报上该工程污染物排放审批单，请予以审查和验收。
附件：

承包单位（章）：

项目经理：__________
日　　期：__________</td></tr>
<tr><td>审查意见：

经初步验收，该工程
符合 / 不符合我国现行的环保法律、法规；
符合 / 不符合该项目环境影响评价及批复要求；
符合 / 不符合该项目环境保护相关设计文件要求。
综上所述，该工程初步验收合格 / 不合格，可以 / 不可以组织正式验收。

项目环境监理机构（章）：__________
总环境监理工程师：__________
日　　期：__________</td></tr>
</table>

表2-7 工程污染事故报告单

工程名称：　　　　　　　　编号：

<table>
<tr><td>致__________
______年____月____日，在____________________
发生______________________________的事故，报告如下：
事故原因：
事故性质：
造成损失：
应急措施：

待进行现场调查后，再另作详细报告

负责人：__________ 日期：__________</td></tr>
</table>

表2-8　工程污染事故处理方案报审单

工程名称：　　　　　　　　编号：

污染事故： 处理方案： 建设单位代表 签字： 日期：＿＿＿＿	施工单位代表 签字： 日期：＿＿＿＿	项目环境监理机构代表 签字： 日期：＿＿＿＿

表2-9　污染防治设施工程验收单

工程名称：　　　　　　　　编号：

单位工程名称		分项工程名称	
承包人		工程造价	
开工日期		完工日期	
工程概况			
工程环保验收评语			
参加验收单位：		参加验收单位：	
参加验收单位：		参加验收单位：	
参加验收单位：		参加验收单位：	

五、环境监理服务费用计算

环境监理是“高智能的有偿技术服务”。建设工程环境监理费是指业主依据委托环境监理合同支付给环境监理企业的环境监理酬金。它是构成工程概（预）算的部分，在工程概（预）算中单独列支出。由于环境监理的特殊性，无法按照工程投资额来衡量环境监理工作量的大小，同时由于建设项目所属行业不同也会存在着较大差异，因此，环境监理费用一般由业主和环境监理单位协商确定。

我国现阶段环境监理收费计算方式主要有：按照环境影响评价报告书中所列环境监理费用收费、参考工程监理收费标准收费、基价法收费、成本加利润加税金加权收费等。其中较为常用的环境监理费计算方法是采用环境监理成本加利润加税金加权的方法，主要以环境监理的时间（工期）为计算依据，以构成分析表的形式形成环境监理费用。这样计算的结果结合工程实际，不会出现大的差异，实事求是，科学合理，具有可操作性。

按照环境监理成本加利润加税金加权的方法，建设工程环境监理费由环境监理直接成本、间接成本、税金和利润部分构成。

（一）直接成本

直接成本是指环境监理企业履行环境监理合同时所发生的成本，包括：

（1）环境监理人员和环境监理辅助人员的工资、奖金、津贴、补助、附加工资等；

（2）用于环境监理工作的常规监测设备、计算机等办公设施的购置费和其他仪器、机械的租赁费；

（3）用于环境监理人员和环境监理辅助人员的其他专项开支，包括办公费、通信费、差旅费、书报费、文印费、医疗费、劳保费、保险费、休假探亲费等；

（4）其他费用。

（二）间接成本

间接成本是指全部业务经营开支及非环境监理和特定开支，包括：

（1）管理人员、行政人员、后勤人员的工资、奖金、补贴；

（2）经营性业务开支，包括为招揽环境监理业务而发生的广告费、宣传费，有关合同的公证费；

（3）办公费，包括办公用品、报刊、会议、文印、上下班交通费等；

（4）公用设施使用费，包括办公室用的水、电、气、环卫等费用；

（5）业务培训费、图书资料购置费等；

（6）附加费，包括劳动统筹、医疗、福利基金、公会经费、人身保险、住房公积金、

企业税金

特殊补助等；

（7）其他费用。

（三）税金

税金是指按照国家规定，环境监理企业应交纳的各种税金总额，如营业税、所得税、印花税等。

（四）利润

利润是指环境监理企业活动收入扣除直接、间接成本和各种税金后的余额。环境监理单位的利润应当高于社会平均利润。

环境监理费构成分析如表2-10所示。

表2-10 环境监理费用构成

编号		费用名称	月费用 / 万元	环境监理时间 / 月	总费用 / 万元
直接费用	1	环境监理人员工资			
	2	环境监理人员办公费			
	3	环境监理人员通信费			
	4	环境监理人员差旅费			
	5	采样检测费			
	6	车辆及其他工器具使用费			
	小计				
间接费用	1	公司管理费			
	2	公司利润			
	小计				
税金					
合计					

注：环境监理人员是指项目环境监理部的人员，根据建设项目的复杂程度、环境影响特点、分散情况等酌情配备 3~9 人。

公司管理费一般取直接费用的5%~8%；

公司利润一般取直接费用的8%~10%。

补充阅读

环境监理计费方法——基价法

环境监理收费包括建设工程施工阶段的环境监理服务费和设计、试生产、验收等阶段的相关环境监理服务费。

施工阶段环境监理收费 = 环境监理收费基价 × 行业调整系数 × 计价调整系数

环境监理相关服务费以及建设项目工期超出合同约定期限的服务收费，一般按照服务所需的工日和《环境监理相关服务人员人工日费用标准》来收费。

环境监理收费基价

投资额 / 亿元	<0.5	1	2	10	40	100	>100
环境监理收费 / 万元	35	60	80	100	300	600	>600

行业调整系数

项目分类

系数

石化、石油天然气、火电、水电、铁路、公路、化工、冶金、有色 1.2

注：未标明行业，系数为 1

计价调整系数

项目分类	系数
服务期 >1 年	1.3
服务期 <1 年	1.0

环境监理相关服务人员人工日费用标准

环境监理相关服务人员职级	人工日费用标准 / 元
高级专家	1000−1200
高级专业技术职称人员	800−1000
中级专业技术职称人员	600−800

第三节　环境监理招投标工作

我国建设项目环境监理行业就目前来说，起步较晚，还是一个新生事物，建设项目环境监理法规和监理市场机制都还存在许多不完善的地方。目前环境监理项目的取得途径主要有业主直接委托和公开招投标两种形式，其中公开招投标是最为主要的形式，因为市场开放已成为一切交易活动的基础，竞争意识逐步深入人心。

一、环境监理招投标的概念与原则

（一）招标投标的基本概念

所谓招标投标，即招投标，是招标人应用技术经济的评价方法和市场竞争机制的作用，通过有组织地展开择优成交的一种成熟的、规范的和科学的特殊交易方式。也就是说，它是由招标人或招标人委托代理机构通过招标公告或投标邀请信，发布招标采购信息与要求，在同等条件下，邀请潜在的投标人参加平等竞争，由招标人或招标人委托的招标代理机构按照规定的程序和办法，通过对投标竞争者的报价、质量、工期（或交货期）和技术水平等因素进行科学比较和综合分析，从中择优选定中标者，并与其签订合同，以达到招标人节约投资、保证质量和资源优化配置目的的一种特殊的交易方式。其有公开招投标和邀请招投标两种形式，两者要求的投标人均不少于三家。

（二）建设项目招投标的概念

建设项目的招投标，是在市场经济条件下进行工程建设项目的发包与承包所采用的一种交易方式。在这种交易方式下，通常由工程发包方作为招标人，通过发布招标公告或者向一定数量的特定承包人发出招标邀请等方式发出招标的信息，提出项目的性质、数量、质量、工期、技术要求，以及对承包人的资格要求等招标条件，表明将选择最能够满足要求的承包人与之签订合同的意向，由各有意提供服务的承包商作为投标人，向招标人书面提出自己对拟建项目的报价及其他响应招标要求的条件，参加投标竞争。经招标人对各投标者的报价及其他条件进行审查比较后，从中择优选定中标者，并与之签订合同。

二、环境监理招投标的意义

我国的招投标法律体系基本完成，同时建立符合国情的监管体制，促进了招投标市场的迅速发展，随之而来的是采购质量和资金使用效率的明显提高，企业竞争能力的不断增强。目前，市场开放已成为一切交易活动的基础，竞争意识逐步深入人心。

（一）环境监理招投标机制有利于促进社会主义市场经济体制的完善

竞争是市场经济的基本特征，是提高社会经济运行效率的关键所在。招投标是通过竞争，使市场机制发挥作用。从买方的角度，招标是一项特定的采购活动，须通过公开的方式提出交易条件，以征得卖方的响应。买方须着重分析采购方案，确定招标程序与组织方法，对所需物品及实施的项目的质量、技术标准及规格等提出详尽要求，对招标活动中所涉及的法律问题及相关规定进行研究并具体实施。从投标人的角度，投标是利用特定的商业机会进行一种竞买或获取承包权的活动，是对招标行为的一种响应，是卖方为获得较多物品供应权和建设项目承包权而响应招标人提供的交易条件。卖方需要深入地研究买方提出的各项条件，并以响应这些条件为前提而确定投标方案，确定价格、技术标准，确定投标策略及竞争手段。

（二）环境监理招投标机制有利于社会资源的合理配置

我国作为世界上最大的发展中国家，人均资源极其有限，所以合理配置社会资源，获得最佳经济效益，就显得更为重要。实现资源的优化配置，宏观上必须建立与之相适应的调节资源、改变资源配置的经济运行机制，调整宏观产业政策、技术政策和工业布局，调节供需关系、产业结构、产品结构、技术结构；而微观上企业的重要任务是要善于有效管理好内部资源，在利润最大化原则下，使资源在再生产过程中实现效率，同时参与市场竞争，在竞争中通过调整与改善内部机制使资源充分发掘，释放出资源的巨大潜能。在市场经济条件下，招投标机制对于优化资源配置扮演着十分重要的角色，成为政府与企业之间、企业与企业之间、宏观经济调控与微观经济行为之间的枢纽。它通过自身的专业优势及规范化运作行为来满足双方的需要，带来利益，使资源配置通过市场得到优化。招标机构在招标运行过程中，以其对市场信息了解的广泛性与系统性，对方案研究的科学性、策略性，对技术评估、定价方法的精细性与专业性以及最终决策的群体性与准确性，实现运用市场机制中的价值规律及供求规律，并间接地引导生产与消费，引导微观的规范并间接调节企业经营活动，弥补市场调节的缺陷，在利益与机会之间构筑着桥梁。环境监理企业要不断改善管理水平，提高工作人员素质和培养复合型专业技术人才，提高服务水平、加强企业成本核算、重视企业成本数据库的建立和完善，提高市场竞争力，提高资源配置效率。

（三）有利于规范环境监理招标市场竞争秩序和招投标行为

如今招投标制度还存在很多问题，如陪标现象，承包单位转包问题，评标办法不够科学，对招投标过程中的违法、违纪现象执法监察力度不大等，致使正常的招投标出现了严重的问题，使一些人对招投标产生了错误的理解或失去了信心。但我们应该看到其积极的一面。问题的症结还是要加强招投标市场的规范化、程序化、科学化管理，并建立健全监督机制，使招投标真正起到应有作用，使开发商、承包商及国家真正受益。这些问题可以从招投标过程抓起，采取加大法制建设力度，抓紧修订与完善相关的工程招投标法律法规；强化对国有投资工程招投标活动的监督；规范招标代理的中介行为；认真抓好招投标的投诉处理工作，维护招投标市场秩序等措施，促进市场秩序逐步走向规范化、法制化的轨道，不断提高建设项目环境监理招投标工作的质量和水平。

（四）有利于完善建设项目环境监理市场，促进公平竞争，打破地域、行业保护

加大进场交易的规范力度，所有项目均纳入工程建设项目市场交易。建设有形市场，不仅可以治理建筑市场的混乱，防止腐败现象的产生，还可以促进公平竞争，打破地域和行业保护现象。建设单位可以在交易中心找到好的施工单位，施工企业凭实力增加了中标机会，外地企业不再受地方保护的困扰。有形市场的完善必将进一步打破行业的垄断和地方的壁垒，实现真正的公平、公正、公开原则。合理适度地增加咨询监理招投标的竞争性，能让项目业主（建设单位）择优选择建设项目环境监理公司，确保项目环境监理目标的实现，提高项目投资效益。

（五）有利于严格执法，加大对违法违规行为的处罚力度

对于查出的违法违规行为，要做到违法必究，实行招标负责人终身负责制，减少串标、陪标的现象。个别负责招标的人由于得到了投标人的种种好处，内定投标人，这也是陪标现象的症结所在。因此，要杜绝此类问题的发生，应对招标负责人实行其对工程质量的终身负责制，如果工程质量出现问题，则可以对其进行惩罚。这样就可以预防一些行政干预的因素，避免招投标中的陪标现象，从源头上杜绝建设项目环境监理腐败现象的形成。

（六）有利于建立健全企业信用管理制度

在招投标监管环节中全面建立市场主体的信用档案，将市场主体的业绩、不良行为等全部记录在案，并向社会公布。将企业的信用情况纳入工程招投标管理中，招标办针对此和建设局（委）联合下发文件出台专门的文件。将市场主体的不良行为与评标直接连接起来，使信用不良者无从立足；同时，通过设立投诉举报部门查处招投标中违法违规行为，

达到监管的目的。通过建设项目报建，建设单位资质审查以及对开标、评标过程的监督，可以充分发挥招投标管理机构的宏观职能，规范建设项目环境监理承担单位的招标投标活动，只有这样才能真正保证工程建设效益。

（七）加强信息公开、公众参与、舆论监督

增强招投标的透明度可以采取强化招投标备案制度，落实招投标书面报告制度、中标候选人和中标结果公示制度、邀请招标批准制度等方式。当然，工程建设项目招投标透明化应当贯穿于整个招投标过程，接受公众和舆论的审查监督，保证工程建设项目招投标的公正。

我们看到招投标制度在我国经济发展、社会资源合理配置等众多方面都起到了促进作用，建设项目环境监理要进一步完善招投标制度，必须在立足本国国情的基础上，从建设项目环境问题的实际情况出发，加强国际交流，虚心学习和认真借鉴国际先进经验，提高制度建设质量，以更好地解决当前招投标领域存在的突出问题，在总结经验的基础上发现问题，不断创新、改进，建立真正公平、公开、公正的招投标制度，进一步推进我国建设项目环境监理事业的发展。

三、环境监理招投标工作

从《中华人民共和国建筑法》颁布实施起，工程建设监理的强制性规定就已纳入了国家法律的范畴。《中华人民共和国招标投标法》的颁布实施对工程监理招投标提出了进一步要求，明确规定了工程监理招投标的范围、办法、程序。建设单位可以在所在地省级环境工程评估中心网站上或其单位网站上发布环境监理招标公告，通过招投标程序确定适合于本项目的环境监理单位，环境监理招投标工作的一般流程如图2-2所示。

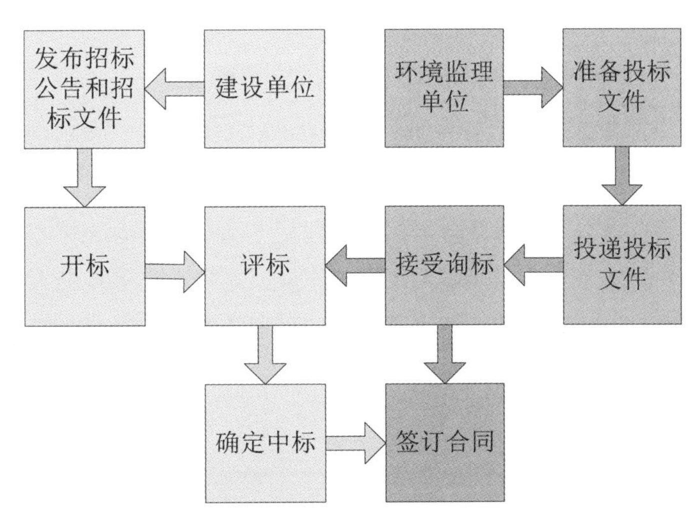

图 2-2 建设单位和环境监理单位参加招投标流程

招投标法

（一）环境监理招投标的目的

建设项目环境监理服务是受招标人（业主）的委托，为生产建设过程提供监督、管理、协调、咨询等服务。监理服务的质量直接影响整个工程管理水平，影响到工程的质量、进度和投资，鉴于监理招标具有的特殊性，招标人选择中标人的基本原则是“基于能力的选择”，招标人履行监理合同的能力，监理大纲及其拟派的监理机构人员的能力、结构构成等，会作为监理招标的重点评价因素。在建设项目环境监理招投标的工作实践中，编写一份科学、合理的招标文件，通过公正的招投标竞争过程，选择一家责任心强、社会信誉好、专业水平高的建设项目环境监理企业，是建设项目环境监理招标工作的目的所在。

（二）建设项目环境监理招投标的主要环节

环境监理招投标工作可分为以下几个主要环节：①招标文件的编制；②资格审查；③环境监理服务的定价、限价或标底；④评标方法的设定；⑤评标委员会的组成；⑥开标和中标。

（三）环境监理报价在评标中的地位

“优质优价，低价质差”是市场经济的一个法则。招标人选择建设项目环境监理单位时，鼓励的是能力的竞争，而不是价格竞争。因此，环境监理招标评审以技术和人员素质为主，不以价格最低为主要标准，这是与施工招投标不同的主要特点。

（四）环境监理投标人的数量要求

建设项目环境监理招标确定投标人数量时，一般选择投标人的数量以5~7家为宜。因为环境监理招标是对环境监理单位提供环境监理服务的知识、技能和经验等方面综合能力的选择，是挑选适合本招标工程特点和最有能力的环境监理公司。如果选择过多的投标人参与竞争，不仅要增大评标工作量，而且在众多投标人中比较，好中求好，有时会产生事半功倍的效果。但环境监理单位也不能太少，否则会造成因可供评选的范围变小而使有能力和适合的潜在投标人相应减少。

招标文件案例

四、环境监理招投标文件

（一）建设项目环境监理招标文件内容

环境监理招标文件通常由以下几个部分组成：①招标公告；②环境监理服务内容及要

求；③投标人须知；④投标文件及相关格式；⑤合同主要条款及格式；⑥评标办法。

1. 招标公告

招标公告是公开招标时发布的一种周知性文书，要公布招标单位、招标项目、招标时间、招标步骤及联系方法等内容，以吸引相关单位参加投标。招标公告一般包含以下内容：① 招标编号；② 招标项目名称；③ 招标内容；④ 对投标人的资格和人员配备要求；⑤ 招标文件售价；⑥ 投标报名时间和地点；⑦ 投标报名时应提供的资料（复印件均须加盖公章），一般包括企业法人营业执照复印件、法定代表人授权委托书原件、建设项目环境监理资格推荐证书复印件；⑧ 联系方式。

2. 环境监理服务内容及要求

（1）环境监理的总体要求。

（2）环境监理的目标、任务、范围和内容。

（3）附件：项目环境影响评价报告及其批复文件（电子版）。

3. 投标人须知

（1）投标须知前附表

规定了投标资格审查的条件，包括资质最低条件、业绩最低要求、主要人员最低要求和信誉最低要求等内容。

（2）投标文件组成

投标文件采用单信封形式。投标文件一般构成如下：①投标函；②法定代表人身份证明或法定代表人的授权委托书；③联合体协议书（可选）；④投标保证金；⑤拟分包项目情况表（可选）；⑥资格审查表；⑦报价清单；⑧其他材料；⑨技术建议书。

（3）投标文件的澄清

① 为了有助于投标文件的审查、评价和比较，评标委员会可以书面方式要求投标人对投标文件中含义不明确、对同类问题表述不一致或者有明显文字和计算错误的内容作必要的澄清、说明或者补充。投标人的澄清、说明或者补充应以书面方式进行，并不得超出投标文件的范围或者改变投标文件的实质性内容。

② 投标文件中的大写金额和小写金额不一致，以大写金额为准；总价金额与单价金额不一致，以单价金额为准，但单价金额有明显错误的除外。

在评标过程中，评标委员会若发现投标人以他人的名义投标、串通投标、以行贿手段谋取中标或者以其他弄虚作假的方式投标的，该投标人的投标将作废标处理。投标人资格条件不符合国家有关规定和招标文件要求的，或者拒不按照要求对投标文件进行澄清、说明或者补正的，评标委员会可以否决其投标。评标委员会将审查每一投标文件是否对招标文件提出的所有实质性要求和条件做出响应。未能实质上响应的投标，将作废标处理。

投标文件有下述情形之一的，属于重大偏差，视为未能对招标文件做出实质性响应，并按前条规定作废标处理：

· 没有按照招标文件要求提供投标担保或者所提供的投标担保有瑕疵

· 投标文件没有投标人授权代表签字和加盖公章

· 投标文件载明的投标项目完成期限超过投标文件规定的期限

· 明显不符合技术规范、技术标准的要求

· 投标文件载明的检验标准和方法等不符合招标文件的要求

· 投标文件附有招标人不能接受的条件

· 不符合招标文件中规定的其他实质性要求

评标委员会根据规定否决不合格投标或者将某些投标界定为废标后，因有效投标不足三个使得投标明显缺乏竞争的，评标委员会可以否决全部投标。所有投标被否决的，招标人依法重新招标。

（4）开标时间和地点说明

招标文件中应明确写出本项目开标的时间和地点。

（5）投标保证金说明

根据项目需要，招标文件中应明确给出希望投标方给出的投标保证金数额，并标注投标保证金的汇入银行信息及财务联系方式。

（6）开标说明

①开标由招标人主持，邀请所有投标人参加。

②开标时，由投标人推选的代表或招标人委托的公证机构检查投标文件的密封情况，确认无误后，由工作人员当众拆封，宣读投标人名称、监理取费、总监姓名和其他招标人认为有必要被告知的内容。投标文件未按照招标文件予以密封的，将作为无效投标文件，退回投标人。

③招标人在招标文件中要求提交投标文件的截止时间前收到的所有投标文件，开标时都将当众予以拆封、宣读、记录。

④唱标顺序按各投标人送达投标文件时间先后的逆顺序进行。

⑤在开标时，投标单位应携带法定代表人或委托代理人的有效身份证原件（委托代理人应随带授权委托原件）。

⑥在开标时，投标文件出现下列情况之一的，将作为无效投标文件，不得进入评标：

· 投标文件未按照招标文件的要求予以密封和标记的；

· 投标文件中的投标函未加盖投标人的企业及企业法定代表人的印章的；

· 企业法定代表人委托代理人没有合法、有效的委托书（原件）及委托代理人印章的；

· 投标文件的关键内容字迹模糊、无法辨认的。

开标的一般程序如下：

（a）宣布开标纪律；

（b）公布在投标截止时间前递交投标文件的投标人名称；

（c）宣布唱标人、记录人、监督人等有关人员姓名；

（d）检查投标文件的密封情况；

（e）宣布投标文件开标顺序；

（f）按照宣布的开标顺序当众开标，公布投标人名称、投标报价等投标函中的主要内容，并作记录；

（g）投标人代表、招标人代表、监督人、记录人等有关人员在开标记录上签字确认；未在开标记录上签字的，均视为对开标结果予以默认；

（h）开标结束。

唱标人应如实按投标文件当众宣读投标人全称、投标总价等投标函的主要内容。记录人将唱标内容当即输入，在开标现场公示。投标人代表应对唱标内容及记录结果当即进行校核确认。如发现唱标内容或记录结果与投标文件不一致时，应在签字确认前当场提出，并经招标人代表、监督人、唱标人和记录人核实后，当即予以纠正。

（7）评标说明

①评标委员会。评标由招标人依法组建的评标委员会负责。评标委员会由招标人或其委托的招标代理机构熟悉相关业务的代表，以及有关技术、经济等方面的专家组成。评标委员会成员有下列情形之一的，应当回避：招标人或投标人的主要负责人的近亲属；项目主管部门或者行政监督部门的人员与投标人有经济利益关系，可能影响对投标公正评审的；曾因在招标、评标以及其他与招投标有关活动中从事违法行为而受过行政处罚或刑事处罚的。

②评标原则。评标活动遵循公平、公正、科学和择优的原则。

③评标程序和内容。评标的一般程序和内容为：评标前准备，资格审查，初步评审，详细评审，必要时对投标文件中的问题进行询标，完成评标报告，推荐中标候选人。

④评标标准与方法。一般采用综合评估法，以打分的方法衡量投标文件是否最大限度地满足招标文件中规定的各种评价标准。专家将对投标单位投标文件中的资信业绩、技术方案、商务部分进行分别评分，综合考察监理方案或监理规划、人员素质、监理费、监理检测设备、监理业绩信誉、总监答辩等方面的优劣，按得分高低依次推荐中标候选人。环境监理常用的评标打分表如表2-11所示。

⑤评标细则。给出评标过程中详细的评价内容和分值。如有资信业绩评分、技术方案

评分、商务评分、综合得分等，每一部分所占的分值由建设单位设定。

⑥资格审查。开标后，评标委员会首先应按评标办法对所有投标人进行资格审查。

⑦对投标文件的审查和响应性的确定。评标委员会将组织审查投标文件是否完整，是否有计算错误，要求的保证金是否已提供，文件是否恰当地签署。在详细评标前，评标委员会将首先审定每份投标文件是否实质上响应了招标文件的要求。实质性响应的投标文件是指投标文件符合招标文件的所有条款、条件和规定且没有重大偏离或保留。重大偏离或保留是指将会影响到招标文件规定的服务范围、质量标准，或会给合同中规定的招标人的权利和投标人的责任造成实质性限制，而纠正这些偏离或保留将对其他提交了实质性响应的投标文件的投标人产生不公平影响。如存在细微偏差，评标委员会可书面要求存在细微偏差的投标人在评标结束前予以补正，拒不补正的，在详细评审时对细微偏差做出不利于该投标人的量化。

⑧评标过程的保密。公开开标后，直到授予中标人合同为止，凡属于对投标文件的审查、澄清、评价和比较的有关资料以及中标候选人的推荐情况、与评标有关的其他任何情况均应严格保密；在投标文件的评审和比较、中标候选人推荐以及授予合同的过程中，投标人如有试图向招标人和评标委员会施加影响的任何行为，都将会导致其投标被拒绝；合同授予后，招标人不对未中标人就评标过程情况以及未能中标原因作任何解释。未中标人不得从评委或其他有关人员处获取评标过程的情况和材料。

⑨评标结果确定办法说明。一般地，招标人应当坚持确定排名第一的中标候选人为中标人的原则。

表2–11　环境监理评标打分

项目名称：________________

投标单位：________________

评议项目	评议标准	满分	得分
资质	同时具有环评和监理资质得满分，其余得 3~4 分	5	
业绩	是否从事过该类项目的环评报告书或报告表编制，编制过报告书表的得 4~5 分，未编制过的得 0~2 分	5	
	具有 2 个以上环境监理业绩得 4~5 分，具有一个环境监理业绩得 0~3 分	5	
监理工作目标	目标明确得满分，其余酌情减分	5	

续 表

评议项目	评议标准		满分	得分
人员配置	监理班子的组织结构	结构清晰、分工明确得满分，其余酌情减分	3	
	监理班子的人员数量	数量满足工程规模要求得满分，不足得 0~2 分	3	
	总监理工程师	总监具有高级职称、年龄合适、经验丰富、业绩突出得满分，其余酌情减分	4	
	监理人员构成	监理人员专业配套、岗位证书齐全、年龄结构合理得满分，其余酌情减分；监理人员有同期监理任务的酌情减分	10	
	环评工程师所占比例	环评工程师占 50% 以上得满分，其余酌情减分	3	
监理方案	主体工程环境监理	监理内容全面、监理对象清楚、监理方法合适、体现工程特点得满分，其余酌情减分	10	
	临时工程环境监理	监理内容全面、监理对象清楚、监理方法合适、体现工程特点得满分，其余酌情减分	8	
	工程环保设施建设监理	监理内容全面、监理对象清楚、监理方法合适、体现工程特点得满分，其余酌情减分	7	
	工作程序	程序明确、针对性强得满分，其余酌情减分	7	
设备配置		设备配置完全能满足监理工作的需要得满分，其余酌情减分	5	
评议项目		评议标准	满分	得分
投标书编制及答辩情况		投标书编制质量高，投标人现场答辩思维敏捷、回答问题准确得满分，其余酌情减分	5	
在报价合理的基础上，低报价得高分			7	
报价构成合理得满分，其余酌情减分			8	
总分			100	

专家签字：____________

（8）定标及授予合同

①定标。招标人根据评标委员会推荐最终确定中标人，并向中标人发出中标通知书，同时将中标结果通知所有未中标的投标人，中标通知书将成为合同的组成部分。

②合同签订。依法必须进行招标的项目，招标人自收到评标报告之日起3日内公示中标候选人，公示期不得少于3日，投标人或其他利害关系人对评标结果有异议的，应在中标候选人公示期间提出。招标人在自收到异议之日起3日内作出答复；作出答复前，应暂

停招投标活动。中标候选人经公示无异议、招标人发出中标通知书。

招标人和中标人应当自中标通知书发出之日起30天内，根据招标文件和中标人的投标文件订立书面合同。

（9）重新招标

有下列情形之一的，招标人将重新招标：

①投标截止时间时，投标人少于3个的。

②经评标委员会评审后否决所有投标的。

③中标候选人均未与招标人签订合同的。

④法律规定的其他情形。

（10）其他说明

招标文件里应给出项目招标方或委托方的联系人和联系方式，如有需要，招标单位应接受投标人的现场考察和答疑。投标人可对工程现场和周围环境进行考察，以获取需投标人负责的有关投资准备和签署合同所需的材料，考察现场的费用由投标人自负。招标单位对投标人进行的现场考察给予必要的协助和配合。投标单位需要招标单位解答的问题，对招标文件有疑问需要澄清的，应当以书面形式向招标人提出。

在评标中发现有两份及以上投标文件的相互之间有特别相同或相似之处，且经询标澄清投标人无令人信服的理由和可靠证据证明其合理性的，经评标委员会半数以上成员确认有串通投标嫌疑的，其投标文件按无效标处理，予以废除，不再对其进行评审，也不影响招标项目继续评标。投标文件中如有虚假内容者将导致废标或取消中标人资格。评标时间必须满足保证评标工作质量的需要。

4. 投标文件及相关格式 ……………………………………………………………………

（1）投标文件应包含的内容

明确指出需要递交的投标文件所包含的各项内容，包括投标函、法定代表人身份证明或法定代表人的授权委托书、联合体协议书、投标保证金、拟分包项目情况表、资格审查表、报价清单、技术建议书、其他资料等。

（2）投标文件份数及相关说明

①投标人应向招标单位提交一式多份投标文件，其中一份正本，其他为副本，并在封袋上注明“正本”或“副本字样”，当正本与副本有不一致时，以正本为准。

②投标文件正、副本均应使用A4纸统一装订，且均应使用不能擦去的墨水书写或打印，按要求由投标人加盖公章和法定代表人或法定代表人委托的代理人印鉴或签字。

③全套投标文件应无修改和行间插字，除非这些修改是根据“招标文件修改通知”的要求进行的，或者是投标人明显笔误必须修改的。不论何种原因造成的涂改、插字和删

除，都应由投标文件签署人加盖印鉴。

④投标截止时间和地点。

5. 合同主要条款及格式

在环境监理的招标文件中通常会给出环境监理合同的主要条款和格式要求，其中主要条款通常包含如下内容：①定义及解释；②乙方的义务和权利；③甲方的义务和权利；④责任与赔偿；⑤环境监理费用；⑥履约担保及费用支付；⑦知识产权；⑧利益冲突；⑨保险；⑩不可抗力；⑪合同中止与终止；⑫争议解决；⑬合同生效及期限；⑭其他内容。

6. 评标办法

目前招投标活动中，评标是至关重要的步骤，评标不能盲目，而是应该遵循一定的评标办法。目前我国采用的评标办法可以分为好几个种类，每个类别都有着各自的优点和缺点。

（1）综合评标法：把涉及的招标人各种资格资质、技术、商务及服务的条款，都折算成一定的分数值，总分为100分。评标时，对投标人的每一项指标进行符合性审查、核对并给出分数值，最后，汇总比较，取分数值最高者为中标人。

综合评标法的优点是：比较容易制定具体项目的评标办法和评标标准；评标时，评委容易对照标准“打分”。缺点是：具体实施起来，评标办法和标准可能五花八门，很难统一与规范；在没有资格预审的招标中，容易由于资格资质条件设置的不合理，导致“歧视性”条款，造成不公，引起质疑和投诉；如果评分标准细化不足，则评标委员在打分时的“自由裁量权”容易过大。

（2）经评审最低价中标办法：把涉及投标人各种技术、商务和服务内容的指标要求，都按照统一的标准折算成价格，进行比较，取“评标价最低者”为中标人的办法。评标时，评标委员可以是“同一专业”，也可以是不同专业。各个评委独立提出意见，汇总得出评标结论。

经评审最低价中标办法的优点是：最适合使用财政资金和其他共有资金而进行的采购招标，更能体现“满足需要即可”的公共采购的宗旨。在不违反法律法规原则的前提下，最大限度地满足招标人的要求和意愿；通过竞争，突出体现招标能够节约资金的特点，根据统计，一般的节资率在10%左右。

经评审最低价中标办法的缺点是：招标前的准备工作，要求比较高；特别是对于关键的技术和商务指标，需要标注“*”的，需要慎重考虑；标注“*”的指标，只要有一项达不到招标人的要求，即可判定为“没有实质上响应招标要求”而作为“不合格”，不能再进入下一轮。 评标时，对评委的要求比较高；需要评委认真考评和计算，才能得出结果。比较费时间。虽然多数情况下，避免了“最高价者中标”的问题；但是对于某些采用公有资金且具有竞争性需要的国际招标引进项目，难以准确地划定“技术指标”与价格的折算关系，表现不出“性价比”的真正含义。

（3）性价比评标办法：是一种特殊的综合评标办法，是指按照要求对投标文件进行评审后，计算出每个有效投标人除价格因素以外的其他各项评分因素的汇总得分，并除以该投标人的投标报价，以商数（评标总得分）最高的投标人为中标候选供应商或者中标供应商的评标方法。

（4）最低价中标法：适用于大批量简单货物的招标。型号规格和质量标准比较简单明确。招标时，投标报价最低者中标。

（5）双信封评标办法：工程招投标时使用的一种办法。投标人同时提交技术和商务报价两个信封，先打开技术方面的信封，进行分析比较。对于符合要求者，再打开报价的信封，最低报价者中标。

（6）两阶段招标评标办法：大型复杂成套设备或者工程采用。在买方（招标人），对于技术方面不熟悉，心中无底时采用。第一步，先招标“技术方案”（不涉及价格）；对于符合要求者，再第二步，进行带有商务报价的投标。

在环境监理招投标工作中，一般采用综合评标法对投标文件进行评审。

（二）建设项目环境监理投标文件解析

环境监理投标文件需要严格按照项目招标文件中关于投标文件及相关说明的要求精心准备。

1. 投标文件的主要内容

一般地，投标文件由商务标、资信标和技术标三部分组成。

（1）商务标

· 投标函

· 法定代表人授权书

· 投标报价表、投标报价分项表

· 商务条款偏离表

· 投标保证金（按招标文件要求提交）

· 招标文件所要求的其他商务文件

（2）资信标

· 投标人情况表

· 投标人业绩一览表

· 拟派本项目总监理工程师及主要人员情况表

· 招标文件所要求的其他资信文件

（3）技术标

· 项目情况概述

· 环境监理技术服务实施方案（需求理解及项目环境监理方案大纲）

· 环境监理服务质量保证体系和措施（内容完整及技术手段实用、先进）

· 项目预期成果

· 针对本项目的合理化建议

· 团队成员专业学历资质背景

· 其他招标人认为需要提供的资料和与评审评分有关的资料

以上所需的各种证书、证件、证明、执照若为复印件，须在复印件上盖上有效的投标人公章。

2. 投标文件的语言和计量单位

一般地，投标文件与投标有关的所有文件均应使用中文，投标人随投标文件提供的证明文件和资料可以为其他语言，但必须附中文译文，解释这些文件，应以中文为准。除规范另有规定外，投标文件使用的度量衡单位，均采用中华人民共和国法定计量单位。招标文件中的“天”除特别说明外，均为日历天。招标文件中所指的“合同”除特别说明外，指“采购合同”。

3. 投标文件的递交

（1）投标文件的密封与标志

①所有投标文件为明标，应将投标文件的正本和副本密封，并在封面上正确注明“正本”和“副本”字样。所有封袋上都应写明投标单位名称、工程名称，并在封袋骑缝处加盖投标单位公章，如图2-3所示。

②投标文件可采用当面送达或以专递邮件方式递交。

（2）投标截止日

①投标人应在投标须知中规定的时间之前将投标文件递交到指定地点。招标人在接到投标文件时将注明投标文件收到的日期和时间。

②超过投标截止期送达的投标文件将被拒绝并原封退给投标人。

图 2-3 环境监理投标文件装订密封封面

（3）投标文件的修改与撤回

①投标人可以在递交投标文件以后，在规定的投标截止期之前，以书面形式向投标人递交修改或撤回其投标文件的通知。在投标截止期以后，不得更改投标文件。

②投标人的修改或撤回通知，应按本文件规定的要求编制、密封、标志和递交（密封袋上应注明“修改”或“撤回”字样）。

第四节　环境监理合同

一、合同法

为了保护合同当事人的合法权益，维护社会经济秩序，促进社会主义现代化建设，制定本法。1999年3月15日第九届全国人民代表大会第二次会议通过并由中华人民共和国主席令第十五号公布了《中华人民共和国合同法》，自1999年10月1日起施行。

合同法有总则八章和分则十五章。总则包括了一般规定、合同的订立、合同的效力、合同的履行、合同的变更和转让、合同的权利义务终止、违约责任和其他规定；分则包括买卖合同，供用电、水、气、热力合同，赠与合同，借款合同，租赁合同，融资租赁合同，承揽合同，建设工程合同，运输合同，技术合同，保管合同，仓储合同，委托合同，行纪合同，居间合同。

二、环境监理合同内容

环境监理合同是建设工程委托环境监理合同的简称，是指环境监理委托人即建设项目单位与环境监理机构就委托的工程项目建设环境监理的内容，签订的明确双方权利、义务的协议。

委托环境监理合同基本内容包括：

（一）签约各方的认定

主要说明建设单位和监理单位的名称、地址，以及它们的实体性质，例如所有制性质、隶属关系等。委托方的意图是否遵守国家法律，是否符合国家政策和规划、计划要求，确保签订合同在法律上的有效性。

(二)合同的一般说明

当合同各方关系得以确定并讲清以后,通常进行必要的说明,进一步叙述“标的”(即委托监理)的内容等。

(三)监理单位履行的义务

应包含两个方面,一是受委托监理单位应尽的义务,二是对委托项目概况的描述。在合同中均以法律语言来叙述承担的义务。对项目概况的描述的目的是确定项目的内容,便于规定服务的一般范围(其内容主要是:项目性质、投资来源、工程地点、工期要求以及项目规模或生产能力)。

(四)监理工程师提供的服务内容

条款中对监理工程师准备提供的服务内容进行详细说明,如果项目业主只要监理工程师提供阶段性的监理服务,这种服务说明可以比较简单,若包括全过程监理,这种叙述就应详细。为避免发生合同纠纷,除对合同中规定的服务内容进行详细说明外,对有些不属于监理工程师服务的内容,也有必要在合同中列出来。

(五)业主的义务

业主应该偿付监理酬金,同时还有责任为监理工程师更有效地工作创造一定的条件。

(1)应提供项目建设所需的法律、资金、保险等服务;

(2)应提供合同中规定的工作数据和资料;

(3)应提供监理人员的现场办公用房;

(4)应提供监理人员必要的交通工具、通信、检测、试验等有关设备;

(5)对国际性项目,协助办理海关或签证手续;

(6)应承诺可提供超出监理单位控制的、紧急情况下的费用补偿或其他帮助;

(7)应当在限定的时间内,审查和批复监理单位提出的任何与项目有关的报告书、计划和技术说明书,以及其他信函文件;

(8)如一个项目委托多个监理单位时,关于业主对几家监理单位的关系,以及有关义务等,在每个监理单位委托合同中都应明确。

(六)监理费用的支付

监理合同中必须明确监理费用额度及其支付时间和方式。在国际合同中,还需要规定支付的币种。不论合同中采用哪一种监理费计算方法,都应明确支付时间、次数、支付方式和条件等。常见的支付方式有:按实际发生额每月支付、按月或规定天数支付、按实际完成的某项工作的比例支付、按双方约定的计划明细表支付、按工程进度支付等。

（七）业主的权利

环境监理单位是受业主委托而进行项目管理，所以在合同中也要有保障业主实现意图的条款。一般有：

（1）进度要求。说明各部分工作完成的日期，或附有工作进度计划方案等。

（2）保险要求。要求监理单位进行某种类型的保险，或者向业主提供类似的保障。

（3）承包分配权、指定分包权。在未经业主许可或批准的情况下，监理工程师不得把监理合同或合同一部分分包给别的公司。

（4）授权限制。监理工程师行使权力不得超过监理合同规定范围。

（5）终止合同。当业主认为监理单位的工作不令人满意，或项目合同遭到任意破坏时，业主有权终止合同。

（6）有权换人。监理单位必须提供足够胜任工作的人员，如工作人员失职或不能令人满意时，业主有权要求换人。

（7）提供资料。在监理工程师整个工作期间，必须做好完整的记录，并建立技术档案资料，以便随时可以提供清楚、详细的记录资料。

（8）报告业主。在工程建设各个阶段，监理单位要定期向业主报告各阶段情况和月、季、年度进度报告。

（八）环境监理单位的权利

除取得应有的酬金和补偿外，合同应有明确保护监理单位利益的条款，一般有：

（1）附加工作补偿。凡因改变工作范围而委托的附加工作，应确定支付的附加费用标准。

（2）明确不为服务内容。合同中有时必须明确服务范围、不包括哪些内容及部分。

（3）工作延期。合同中要明确规定，由于非人为（即非监理工程师所能控制）的意外，或由于业主的行为造成工作延期，监理工程师应受到保护，根据情况予以工作延期等。

（4）主张业主承担由自己造成的过失。合同中应明确规定，由于业主未能按合同及时提供资料信息或其他服务而造成了损失，应由业主负责。

（5）业主的批复。由于业主工作拖拉，对监理工程师的报告、信函等要求批复的书面材料造成延期，由业主负责。

（6）终止和结束。合同中任何授予业主终止合同的权利的条款，都应当同时包括由于监理工程师所投入的费用和终止合同所造成的损失，并应给予合理补偿的条款。

（九）其他条款

一般合同中都有其他条款，以进一步确定双方权利和义务，如发生修改合同、终止合同或紧急情况的处理程序等。在国际性的合同中，常常包括不可抗力条款，如发生地震、动乱、战争等情况下不能履行合同的条款。

（十）签字

业主与环境监理单位都在合同中签了字，便证明双方达成协议，合同才具有法律效力。合同应由法人代表或经授权的代表签字，同时注明签字日期。

三、环境监理合同签订

（一）要坚持按法定程序签署合同

业主和监理单位（一般应为法人代表或有授权委托的代表）在签订委托监理合同时签字应合法。环境监理单位应将拟派往该项目工作的总监理工程师及其助手的情况告知建设单位。合同签署后，建设单位应将合同中给监理工程师的权限写入与承包商签订的合同中，至少在承包商动工前要将环境监理工程师的有关权限书面通知承包单位，为环境监理工程师的工作创造条件。

（二）要重视替代性的信函

对一些小项目或另增加的内容，一般认为没有必要正式签订一份合同，这时监理单位一般应采用信函来确认，以代替繁杂的合同文件。它可以帮助确认双方的关系以及双方对项目的有关理解和意图，既包括建设单位提出的要求和承诺，也是监理单位承担责任、履行义务的证据。所以对替代性的信函要予以充分重视。

（三）合同的变更

在工程建设中难免出现许多不可预见的事项，经常会出现要求修改或变更合同条件的情况，尤其是需要改变服务范围和费用问题时，监理单位应坚持要求修改合同，口头承诺或拟临时性交换函件是不可取的。可以采用正式文件、信件式协议或委托单等几种方式对合同进行修改，如变动内容过大，应重新制定一个新合同。不论采取什么方式，修改之处一定要便于执行，这是避免纠纷、节约时间和资金的需要。如果忽视这一点，仅仅是表面上通过的修改，就可能缺乏合法性和可行性，会造成某一方的损失。

复杂环境监理合同案例文本

简单环境监理合同案例文本

本章重点内容讲解

（四）其他注意事项

注意合同文字的简洁、清晰，每处措辞都应经过双方充分讨论，以保证对工作范围、采取的工作方法以及双方对相互间的权利和义务能确切理解。

对于时间要求特别紧迫的监理项目，业主有明显的委托监理意向且签订正式委托监理合同之前，双方在使用意图性信件交流时，环境监理单位对发往业主的信件和函电、传真要认真审查，尽可能地避免“忙中出乱”，使合同谈判失败或遭受其他意外损失。

环境监理单位在合同事务中要注意充分利用有效的法律服务。委托监理合同的法律性很强，环境监理单位应配备有关方面的专家，这样在准备合同格式、检查其他人提供的合同文件及研究意图性信件时，才不至于出现失误。

本章小结

本章主要介绍了环境监理的基本类型、实施程序、工作方法、工作制度、环境监理招投标、环境监理合同签订等内容。我国目前的环境监理大体分为生态类建设项目环境监理和工业类建设项目环境监理。按照环境监理项目开展的时间顺序，环境监理实施总体工作程序为前期准备阶段（包括项目资料收集、监理初步方案编制、环境监理合同签订、项目环境监理部门组建等）、设计阶段环境监理、施工阶段环境监理、试运行（试生产）阶段环境监理。在环境监理实际工作开展中采取的工作方法主要包括核查、监督、咨询、报告、宣传培训、验收等。环境监理主要工作制度有：工作记录制度、报告制度、函件来往制度、环境监理会议制度、奖惩制度、环保措施竣工自查和初验制度、事故应急体系及环境污染事件处理制度、人员培训和宣传教育制度、档案管理制度、质量保证制度等。环境监理招投标工作的主要流程包括：①建设单位发布招标公告和招标文件；②环境监理单位准备投标文件；③组织开标、评标；④中标；⑤签订合同。环境监理合同签订时必须明确双方权利和义务，特别是对于监理费用的支付方式和时间必须明确规定。

复习思考题

1. 请列举5类生态类项目环境监理。
2. 环境监理的常用工作方法有哪些?
3. 环境监理的主要工作制度有哪些?
4. 怎样依据建设项目环评文件指导实施环境监理的工作?
5. 环境监理合同的签订应注意哪几方面?
6. 环境监理委托合同由哪几部分构成?
7. 建设项目环境监理费用一般由哪几部分构成?
8. 环境监理机构执行环境监理业务时可以行使哪些权利?
9. 环境监理单位在项目投标业务中应注意哪些事项?
10. 一般地，投标文件应由哪几部分构成?
11. 环境监理项目评标办法有哪些?
12. 投标文件中正本与副本有不一致时，应当如何处理?
13. 环境监理必须关注环评报告中的（　　）内容。

    A. 工程分析　B. 环保措施　C. 环境风险　D. 环境监测
14. 防渗工程正在施工，环境监理应该采取（　　）的监理方式。

    A. 巡视　B. 旁站　C. 驻场　D. 监测
15. 下列不属于环境监理费用构成的一项是（　　）

    A. 公司管理费　B. 税金　C. 利润　D. 监理公司的福利
16. 案例分析一

背景：某业主计划将拟建的工程项目在实施阶段委托某环境监理公司进行环境监理，甲方在合同草案中提出以下内容：

（1）工程图纸出现设计质量问题，环境监理单位应付给业主相当于设计费的5%的赔偿；

（2）施工期间每发生一起施工人员重伤事故，环境监理单位应罚款2万元；如果出现一起死亡事故，环境监理单位罚款5万元；

（3）除甲方原因外，任何延误情况发生时，环境监理单位应付相当于施工单位罚款的20%给业主，如果工期提前，环境监理单位可得到监理费用20%的奖励金。

（4）乙方应当严格按本合同规定提供环境监理服务，如果在其提供环境监理服务过程中，由于其作为或不作为、过失、疏忽或作为一个专业环境监理服务公司所不应采取的行为导致甲方发生任何损失，则乙方应向甲方进行赔偿，以使甲方免受此类损害或损失。

请问：

①案例中所提到的甲方和乙方分别是指谁?

②业主提出的上述合同条款是否合理，为什么?

③就赔偿条款，乙方还应做怎样的补充，才能更好地保护自己的利益?

17. 案例分析二

根据以下材料，请以总环境监理工程师的身份拟一份环境监理整改通知单。

浙江省××环境监理公司在执行×××纺织品有限公司年产高档纱线染色1500吨和高档家纺面料织造400万米建设项目的环境监理过程中发现了如下问题：

一、建设单位实际建设布局情况与环评中差别较大，织造区建设位置发生改变。

二、建设单位实际安装生产设备情况与环评中差别较大，环评报告中安装染色机5台，现在实际安装染色机8台。

18. 案例分析三

根据以下材料内容，请代表碧源环境保护工程监理公司法定代表人张勇总经理拟一份投标函。

浙江瓯江水电开发有限公司近期发布了一份题为《丽水市青田县外雄水电站工程》招标文件，该工程投资50382万元。要求依照丽水市青田县外雄水电站工程环境影响报告书及批复要求，承担项目建设工程施工阶段及运行阶段生态环境保护措施和环保工程的监理服务，监督、指导项目实施期间的环境管理工作，定期提供环境监理报告，协助业主做好建设项目环境保护“三同时”验收工作。

第三章 环境监理的基本内容

《关于进一步推进建设项目环境监理试点工作的通知》(环办函〔2012〕5号)明确指出环境监理的主要功能是：建设项目环境监理单位受建设单位委托，承担全面核实设计文件与环评及其批复文件的相符性任务；依据环评及其批复文件，督查项目施工过程中各项环保措施的落实情况；组织建设期环保宣传和培训，指导施工单位落实好施工期各项环保措施，确保环保“三同时”的有效执行，以驻场、旁站或巡查方式实行监理；发挥环境监理单位在环保技术及环境管理方面的业务优势，搭建环保信息交流平台，建立环保沟通、协调、会商机制；协助建设单位配合好环保部门的“三同时”监督检查、建设项目环保试生产审查和竣工环保验收工作。建设项目环境监理除按相关技术规范和规定要求开展外，还应对如下内容予以高度关注：

(1)建设项目设计和施工过程中，项目的性质、规模、选址、平面布置、工艺及环保措施是否发生重大变动；

(2)主要环保设施与主体工程建设的同步性；

(3)环境风险防范与事故应急设施与措施的落实，如事故池；

(4)与环保相关的重要隐蔽工程，如防腐防渗工程；

(5)项目建成后难以或不可补救的环保措施和设施，如过鱼通道；

(6)项目建设和运行过程中可能产生不可逆转的环境影响的防范措施和要求，如施工作业对野生动植物的保护措施；

(7)项目建设和运行过程中与公众环境权益密切相关、社会关注度高的环保措施和要求，如防护距离内居民搬迁；

(8)“以新带老”、落后产能淘汰等环保措施和要求。

第一节　设计阶段环境监理

一、设计阶段环境监理内容

本阶段的工作内容包括收集环境保护相关文件如环评及其批复，并以此为基础，对初步设计、施工图设计的工作内容进行复核。主要关注的内容包括：工程变化尤其是涉及环境敏感区的工程内容变化情况；项目初步设计、施工图设计中落实环境保护要求的情况以及项目的施工组织设计、环保工程工艺路线选择、设计方案及环保设施的设计内容等。

（一）主体工程设计文件环保审查

根据建设项目环评报告及批复中的有关要求，审核主体工程施工组织设计是否完全落实了环境影响评价报告书中的相关环保措施；审核设计中采用的治理技术、措施、污染物的最终处置方法和去向及清洁生产等内容；审核施工承包合同中的环境保护专项条款；审核施工方案、生产规模、工艺路线、污染特征、排放特点及各污染控制节点等与项目的环评报告书及批复意见的符合性；审核承包商施工期环境管理体系建立、环境管理计划等。

1. 审查建设项目环境保护设计文件

收集建设项目的建设性质、产品结构、生产规模、原料路线、工艺技术、设备选型、能源结构、技术经济指标、设计图纸、区域平面布置图、总图布置方案等基础资料，认真核查建设项目的建设规模、施工区域平面布置和具体项目的施工组织设计，认真检查“三废”排放环节，检查排放的主要污染物及其最终处置方法和去向、清洁生产设计中采用的治理技术措施、风险防范措施等内容。

按照施工文件进行环境监理，确保建设项目严格按照设计流程、平面布置进行建设。对已开工的标段进行环保审查，并编制相应的审查报告。

项目环境监理机构应收集以下资料：

（1）有关环保工程投标书及相关文件、合同；

（2）环保工程设计图纸、工程勘察报告；

（3）政府相关环境保护的批文；

（4）相关环保法律、法规、规范。

2. 审核施工承包合同中的环境保护专项条款

审核施工承包合同中的环境保护专项条款，业主在与施工单位签订的承包合同条款中应有环境保护方面的内容，施工承包单位必须遵循的环境保护有关要求应以专项条款的方式在施工承包合同中体现，并在施工过程中据此加强监督管理、检查、监测，减少施工期间对环境的污染影响，同时检查承建单位的环境管理体系建立情况，并对体系运行的有效性、施工单位的文明施工情况、施工素质进行审核。对于不符合要求的部分，应要求承建单位及时整改。

（二）环保项目设计交底与图纸会审

环保项目设计交底和图纸会审一般同时进行，均由建设单位组织。工程环保项目设计交底是指在依据建设项目环境影响报告书相关要求，项目施工设计单位完成工程环保项目施工图设计并经审查合格后，项目设计单位在环保项目设计文件交付施工时按法律规定的义务，就工程环保项目施工设计文件及施工图，向环保项目施工单位和工程监理单位、环境监理单位作出详细的说明。其目的是让建设单位、环保项目施工单位、工程监理单位、环境监理单位正确理解贯彻环保项目设计意图，使其加深对环保项目设计文件特点、难点、疑点的理解，掌握关键工程部位的整体要求，确保环保项目污染防治效果和质量。

环保项目设计交底的主要内容包括：环保项目施工设计文件及施工图总体介绍，环保项目设计的意图说明，环保项目特殊的工艺要求以及环保项目建筑、结构、工艺、设备等各专业在施工中的难点、疑点和容易发生的问题说明，对环保项目施工单位、环保项目工程监理单位、环境监理机构、建设单位等对项目环保工程设计图纸疑问的解释。环保项目设计交底一般以会议形式进行，应在项目施工前完成。工程环保项目设计交底应由项目设计单位整理会议纪要，与会各方会签。

环保项目图纸会审是建设单位、环境监理单位、工程监理单位、环保项目施工单位就图纸中的疑难问题向设计单位提问，由设计单位给予回答。一般由环保项目施工单位整理形成图纸会审纪要，并经建设、设计、环境监理、工程监理、施工单位签字盖章，作为环保项目设计文件的一部分。项目环境监理单位应参加建设工程环保项目图纸会审。

环境监理工作图纸会审的程序是：①环保项目设计单位作设计交底；②有关单位发表图纸审查意见；③各单位负责人及技术代表对环保项目图纸逐项提出问题；④与会者讨论、研究并逐条解决问题。

补充阅读

工程环保项目图纸会审的具体内容

（1）是否无证设计或越级设计，环保项目图纸是否经设计单位正式签署。

（2）环保项目地质勘查资料是否齐全。

（3）环保项目设计图纸与说明是否齐全，有无分期供图的时间表。

（4）环保项目设计抗地震烈度是否符合当地要求。

（5）几个设计单位共同设计的环保项目图纸相互间有无矛盾，环保项目专业图纸之间、平立剖面图之间有无矛盾，标注有无遗漏。

（6）环保项目总平面与施工图的几何尺寸、平面位置、标高等是否一致。

（7）防火、消防设施是否满足要求。

（8）环保项目建筑、结构与各专业图纸本身是否有差错及矛盾；结构图与建筑图的平面尺寸及标高是否一致；建筑图与结构图的表达方法是否清楚，是否符合制图标准；预埋件是否表示清楚；有无钢筋明细表；钢筋的构造要求在图中是否表示清楚。

（9）环保项目施工图中所列各种标准图册，施工单位是否具备。

（10）环保项目材料来源有无保证，能否代换；环保项目图中所要求的条件能否满足；新材料、新技术的应用有无问题。

（11）环保项目地基处理方法是否合理，建筑与结构构造是否存在不能施工、不便于施工的技术问题，或容易导致质量、安全、工程费用增加等方面的问题。

（12）环保项目工艺管道、电气线路、设备装置、运输道路与建筑物之间或相互间有无矛盾，布置是否合理。

（13）环保项目施工安全、环境卫生有无保证。

（14）建设工程环保项目图纸是否符合环境监理实施细则所提出的要求。

环保项目设计交底与图纸会审中涉及项目设计变更的，应按监理程序办理设计变更手续。环保项目设计交底会议纪要、图纸会审会议纪要一经各方签认，即成为环保项目施工和工程监理的依据。

（三）涉及环境敏感区设计内容审核

重点审核工程环境敏感区位置关系是否发生重大变化，变化带来的环境影响是否可以接受；涉及环境敏感区的施工方案、环境保护措施是否合理。

补充阅读

项目施工设计与环评文件出现差异的表现及原因

①项目选址或总体布局发生改变：建设项目在施工设计时，由于地形、地质、地下文物、交通等因素的限制，避让、变更或位移了厂址，整体或局部调整了厂区分布，项目附属设施或临时占地发生变化，与环评文件选址和厂区布局不相符，也未向环境审批单位备案和通报环评单位，造成了项目环境敏感点的变化，环境保护距离的变化、对周围环境影响面的变化。一般以项目取土取石场和废弃物堆放处等变化最多。

②项目生产工艺和产能发生变化：项目设计时，由于引进了新的生产技术、工艺、设备，提高了产出率而增加了产能，下游产品的变化要求上游产品的产能扩大，要求提高资源利用率的同时，原辅材料多元化调整了投放比、清洁生产技术应用，都会产生扩产因素，形成“环评文件”总量削减，而项目生产污染物排放量增加现象。

③产品或中间产品发生变化：由于市场原因，项目调整了产品架构，增加了环评文件没有的中间产品或附加产品，使得产污点和污染物发生变化，污染物的排放方式和排放量也相应变化。这与环评文件中的污染防治措施不相适应，而相应的污染防治措施并未跟上，原有的污染处理设施与处理量不能满足该污染物的处理，形成了“小马拉大车的防治措施”。

④项目设计加大了设备的产能：在项目设计中，设备选型上配备了比申报环评时更大产能的生产设备和辅助设备，无形中扩大了产能，形成了比环评文件更多的污染物量的排放，甚至超出项目污染总量控制的削减指标。同时又未重新补做环评报告及向环境主管部门备案。

⑤国家政策发生了变化：在国家经济建设与发展中，区域发现规划和环境规划的重新定位，国家新的产业技术政策的出台，新的国家环境标准的颁布，环境功能区的变化，形成了环评文件与现行行政和标准的差异。

⑥污染防治措施、设施发生了变化：项目设计施工中，更新与引进了环保新工艺、新设备、新材料，污染防治工程调整了污染防治技术方案与技术参数及相应环保设备，形成了环保治理工程的去除率和排放物量的变化。而项目单位未做相应的环评及审批，进入了安装施工，形成了环评文件的“失真”。

⑦“三同时”设施与“验收清单”存在差异：环评文件中项目竣工环保验收清单和环境监理清单，存在点位、数量、工艺规模等与设计施工不一致，内容不具体、防治措施论述多，对建设项目工程分析产污环节识别简单化的现象。

二、设计文件环保核查的作用

（一）设计文件环保核查是建设项目环境监理的重要依据

确保设计文件中环境保护治理措施符合环境影响评价及批复要求，使设计文件从环境保护的角度看，具有技术先进、污染治理措施可行、总图布置合理、达标排放符合等特点，并符合国家产业政策、环境保护政策和相关法律法规要求。

（二）设计文件环保核查是各项环境监理工作的基础

建设项目环境保护设计文件是在生产工艺过程中产生污染物的环节和数量的基础上，采用必要的治理措施，实现达标排放。环保设计文件中产污节点、污染防治对策、污染物排放方式和排放去向等要求，是建设项目施工过程中大气、水、噪声环境监理工作的基础，为建设项目环境监理提供了可靠的保证，使建设项目对环境影响的程度降到最小，为真正实现污染物排放总量控制创造了条件。

（三）设计文件环保核查为环境监理的科学管理提供依据

建设项目环境污染因子是项目生产单位和环境管理部门日常管理的对象，建设项目对环境影响程度及污染物达标排放等污染控制是环境监理工作的目标，认真核查建设项目环境保护设计文件，为环境监理单位日常工作的科学管理提供了依据。

第二节　施工阶段环境监理

一、施工阶段环境监理概述

施工阶段环境监理是环境监理人员对建设项目整个施工过程环境保护方面的监督、检查。施工阶段环境监理的主要内容包括：施工阶段环境保护达标监理、环保设施监理、生态保护措施监理、环境管理监理。施工阶段的环境监理是建设项目整个建设过程中任务最重、时间最长的环境监理工作。

生态类的建设项目，如交通、铁路、水利、水电、石油开发及管线建设等工程，对环境的影响往往开始于勘探、选线阶段，重点发生于施工建设期。等到工程竣工验收时，生态破坏早已发生，造成的环境影响已无法弥补和挽回。所以，环境监理人员必须在项目施工期进行有效的环境保护监督管理，避免生态破坏，避免污染事故的发生。

对于工业类的建设项目，随着我国市场经济的不断深化发展和投资多元化，给环境保护带来了新的挑战。许多投资者基于资金、效益和管理等方面的因素，在项目的建设期间未能充分考虑环保设施的建设，就会给企业投产后污染物达标排放留下严重的隐患。有些项目没有按照环境影响报告书及环境保护行政管理部门批复的要求进行设计和施工，擅自改变生产规模、生产工艺和主要设备，擅自调整排污管道的走向，项目投产后污染物超出排放总量控制要求，环保设施无法达标，为项目投产后的违规暗排提供方便，给环境保护管理造成困难，同时造成大量经济损失。

二、施工阶段环境监理范围

建设项目施工阶段环境监理范围主要包括工程所在区域及工程影响区域，工程影响区域根据环境影响评价文件中相关规定设定。施工所在区域环境监理包括监理建设项目的主体工程、辅助工程、后方工程。施工影响区域是指在建设项目施工阶段会受影响的周边环境敏感地区。环境监理工作的重点是将建设项目影响区域内需要特别关注的保护对象列为环境敏感目标。环境敏感目标应按环境要素分别明确，并附图、列表明确其地理位置、范围、与工程的相对位置关系、所处环境功能区、保护内容等，以便环境监理人员及时关注、掌握建设项目影响区域内的环境保护情况。实际情况与环境影响评价文件不同的，应说明变化情况及变化原因，并及时上报给业主与环境保护主管部门。

三、施工阶段环境监理工作内容

（一）生态类建设项目施工阶段环境监理内容

生态类建设项目主要包括水利、水电、矿业、农业、交通运输、旅游、海洋开发等项目，这类工程在勘探、选址等阶段就会对生态环境产生影响，施工建设期的生态环境影响更为严重，并且在竣工验收时许多生态影响都已存在，尤其诸如对珍稀动植物、栖息地的破坏、景观的破坏等不可逆转，连补救措施都不可能再实施。因此，生态类建设项目施工阶段环境监理工作内容如下：

生态类项目施工阶段监理案例分析

1. 施工阶段生态保护措施监理

（1）生态影响减缓措施环境监理

结合建设项目所在区域生态特点和保护要求，采用必要的生态保护措施减少施工过程中对生态的破坏，尽量减小不可避免的生态影响的程度和范围。为最大限度地减小对地表植被的影响和破坏，应采取以下措施：

①严格管理，尽量减少占地；

②减小施工期对植被的破坏；

③施工结束后及时进行植被恢复和采取生态补偿措施；

④加强宣传和教育。

补充阅读

建设工程施工影响区域内可能遇到的主要环境保护目标

①生态环境保护目标：自然保护区，风景名胜区，森林公园，地质公园，湿地，自然遗址，国家和地方重点保护动植物，地方特有动植物及其栖息地，野生鱼类的产卵场、索饵场、越冬场（简称“三场”），洄游鱼类通道，海洋渔场，红树林，珊瑚礁，国家基本农田等。

②水环境保护目标：生活饮用水水源保护区、工业和农业用水取水口、景观水体、渔业水域、地下水、具有特殊功能的水域（温泉、天然矿泉水等）。

③声和振动保护目标：居民区、学校、医院、高功能区（如执行零级标准的功能区）、对声敏感的动物栖息地、精密仪器仪表和使用单位等。

④大气和恶臭保护目标：居民区、学校、医院、公共活动场所等。

⑤固体废物保护目标：与固体废物贮存、运输、处置有关的水环境（特别是地下水）。

⑥电磁环境保护目标：居民区、医院、电台、导航台及有关的军事设施等。

⑦社会保护目标：居民区、移民安置区、文物古迹、公共活动场所、宗教活动场所、古树名木等。

环境管理人员应监督检查承包单位在施工过程中是否采取切实可行的措施以减小对当地陆地生态环境的破坏。对于工程临时用地，是否在施工结束时及时进行平整、植被恢复。对于永久性占地，是否在相邻或附近地方对已经破坏的生态环境采取补偿的措施。

（2）水土流失环境监理

环境监理人员应熟悉主体工程施工总体布置，严格监控施工征占地范围，特别在占用森林植被、珍稀动植物领地等重要生境时应调整施工组织设计；边坡开挖、道路开挖过程中的土石方极易顺山坡滚落占压田土、淤塞河道，应实时监控是否及时转运和采取临时拦护措施；在路基等施工过程中是否及时设置排水沟及截水沟，避免边坡崩塌、滑坡产生，防止水土流失或导致管网堵塞等现象；采石场、取土场、弃渣场的水保设施实施情况（如修筑边缘砼护坡等，见图3-1），是否符合水保设计中制定的方案，严格执行“三同时”制度；对易忽视的“临时占地恢复”问题进行监管。

（3）陆生、水生动植物监理

掌握工程区陆生、水生动植物的分布范围、种类、数量，植物群落类型、优势种等，动物栖息地、生活习性等，鱼类产卵场、索饵场、越冬场、洄游通道等，尤其是国家和地方的珍稀、濒危物种。严格监控施工作业场界与其保护物种的防护距离，若距离较近，在大规模施工前应采取预警措施（如先放小炮驱赶、示警，再放大炮施工）；严禁砍伐征占地范围外的森林植被，对征占地范围内的保护物种应在施工前采取有效保护措施（如就地保护、异地补偿、移栽、建洄游通道、建养殖站等）；严禁捕猎。

（4）文物景观监理

掌握工程区的文物古迹、风景名胜、自然保护区、水源地等的分布、数量、保护级别、保护内涵等；监理施工征地前、施工过程中是否对其范围内的地面和地下文物古迹实施了有效的保护措施（如原地保护、异地迁移、拆除和馆藏等）；在风景名胜区、自然保护区等敏感区内开发建设项目应符合国家相关法规、政策的规定，严禁人为破坏区内资源。

（5）移民安置监理

熟悉移民安置实施规划的安置地点、方式、安置点规模、基础设施设计方案等；监理移民村镇规划和选址是否避开文物古迹、自然保护区、风景名胜区等敏感区；安置点的水源是否满足人畜饮水要求，安置区是否存在严重的传染病、地方病等。

2. 施工阶段环境保护达标监理

（1）水环境达标监理

水环境达标监理是指掌握废污水和污染物的来源、种类、浓度，排放数量、地点、方

图3-1 弃渣场边缘砼护坡

式等，监督检查施工期废水的处理情况是否合理。主要的保护措施包括：

①监督生产废水、生活污水、含油废水处理设施是否按环保设计确定的方案进行施工。

②定期对水处理设施的运行状况进行监督检查，监控废污水处理达标情况，严禁废污水未经处理直接排入水体。

③监控工程施工影响水体的水环境质量现状。

④雨天禁止施工，堆积土方时适当采取覆盖措施，防止被雨水冲刷。

⑤机械设备防止漏油。

⑥生活污水禁止随意外排，设置临时厕所，定期撒石灰，撤离时统一处理。

⑦禁止将产生的生活污水、建筑垃圾、施工垃圾和生活垃圾等排入当地的水库。

（2）大气环境达标监理

大气环境达标监理是指掌握大气污染物的产生源、形式、位置，以及与周围敏感保护区（居民点、学校、旅游区等）的相对关系，监督大气污染防治方案是否按环保设计中确定的方案进行；分辨施工技术、施工工艺、施工设备是不是造成大气污染的主要原因；监督施工单位对于临时性的产尘点是否采取相应的防护措施（如增设捕尘设备、增加洒水次数等）；监控工程施工区的大气环境质量达标情况。

在工程施工期间，伴随着土方的挖掘、装卸和运输等施工活动，扬尘将给周围的大气环境带来不利影响。因此，必须采取合理可行的控污染防治措施，尽量减轻其扬尘污染影响范围。其主要保护措施包括：

①应重视施工工地道路的维护和管理。环境监理人员应严格监督施工单位对施工场地和运输路线道路洒水抑尘措施；开挖作业时，对作业面和土堆适当喷水，使其保持一定湿度，以减少扬尘；而且做到每天定期洒水，防止浮尘产生；在干燥和大风气象条件下，应增加洒水次数及洒水量；多余残土要及时回用，以防长期堆放表面干燥而起尘或被雨水冲刷；应限制运输车辆的行驶速度，控制在40km/h以内。落实好施工场地和运输道路扬尘控制措施，能显著改善施工场地的大气环境，如图3-2所示。

图3-2　扬尘控制措施落实前后对比图

②应当在建筑材料的堆场周围设置不低于堆放物高度的封闭性围栏，缩小施工扬尘扩散范围。

③运输车辆应完好，不应装载过满，并要采取遮盖措施，减少沿途抛撒，及时清扫散落在路面上的泥土。施工工地各出入口应设置清洗车轮泥土设施，以保障车辆不带泥土驶出工地，减少运输过程中的扬尘。

④散状物料运输应采取罐装或加盖苫布；散状物料运输车应尽量避开居民稠密区；运输建筑材料的车辆应在交通部门指定线路上通行。

（3）声环境达标监理

声环境达标监理的主要内容有：

①施工人员是否避免在高噪声环境中长时间持续作业，施工现场是否配备耳塞、耳罩等防噪声护具。

②离居民区或野生动物聚集区距离较近的工程，是否对施工段进行有效隔声阻挡。

③运输车辆是否禁止鸣笛，尤其是在晚间和午休时间。

④是否做好与周围居民的沟通工作，减少扰民问题。

⑤对于需要爆破的工程施工，是否严格监控爆破的时间、填药量，严禁夜间实施爆破。

⑥对由于设备不符合国家相关规定（陈旧、无减震等）而产生的噪声，提出书面意见限期整改。

⑦监控工程施工区的声环境质量达标情况。

（4）固体废物达标监理

固体废物达标监理是指掌握工程固体废物的产生类别、成分、特性，以及处置方式、去向。施工期固体废物环境监理内容主要包括：

①工程弃渣是否及时转运至水土保持设计选定的渣场，以及弃渣堆放是否满足设计要求。

②垃圾桶、小型垃圾中转站的设置和建设是否满足设计要求，以及是否满足施工人员生活垃圾排放需要，有无安排专门清洁人员定期清理。

③严禁向水体、路边、田埂等随意倾倒固体废物。

④建筑垃圾是否及时清理，严禁随意丢弃、堆放，应由建设单位回收。

⑤生活垃圾是否定点清倒，应经统一收集后外运至生活垃圾填埋场，不得随意堆放。

⑥对于挖掘剩余弃土、残土全部用于修建道路，不外排。

（5）人群健康监理

检查施工人员饮用水是否达标；检查施工区灭蚊、灭蝇等情况及是否严格控制食堂与公厕、垃圾桶的距离；检查从事餐业的人员有无健康证及健康情况，食品制作过程有无卫生保障措施；检查施工人员疫情建档率是否达100%，抽查检疫人数是否占总人数的10%以上；检查长期从事砂石加工、混凝土拌和的工人有无患肺结核等职业病记录；检查施工区医疗急救站建立情况，采取了哪些急救和防范流行病的措施；风电项目应检查风机布置是否满足居民区光影防护距离的要求；有电磁辐射、放射性的项目应考虑是否符合其安全评价的要求。

3. 环保设施监理

监督检查项目施工建设过程中环境污染治理设施、环境风险防范设施是否按照环境影响评价文件及批复的要求建设。项目在建设主体生产装置的同时，根据同时设计、同时施工、同时运行的“三同时”原则，检查废水、废气、噪声、固废等环保设施是否符合“三同时”原则，监理其建设规模、质量、进度是否按照要求建设。

4. 环境管理监理

监督检查并要求各施工单位成立由项目经理挂帅的环保工作领导小组，并指定专门的人员负责日常工作；制定污染事故应急处理措施；制定职工的环保培训、教育、宣传计划；定时上报环保措施落实情况。建设项目环境监理的效果在很大程度上取决于业主对环境保护的重视程度。在施工阶段，如果个别项目的业主和施工人员的环境保护意识薄弱，“重质量、赶进度、轻环保”的思想还比较严重，对工程环境监理认识不够，环保意识不强，那么会使得环境监理工作难以开展。应广泛开展环境保护宣传教育，运用各种宣传教育方式不断提高公民的环保意识，充分发挥社会监督作用。

（二）工业类建设项目施工阶段环境监理内容

工业类项目施工阶段监理案例分析

工业类建设项目，依据环境影响评价报告书及相关批复文件进行监理，监理要点如下：

（1）施工期间出现的环境问题，即“施工阶段环保达标监理”。

（2）与工程相配套的“三同时”环保措施的建设情况，即“环保设施监理”和以生态保护和恢复为目标的“生态保护措施监理”。

（3）在施工过程中，环境监理人员对施工期间环境保护措施的落实进行监督管理，对配套的“三同时”环境保护设施的执行情况进行监督检查。发现问题，应要求承建单位及时整改，并及时向建设单位及环境保护主管部门汇报。

1. 施工阶段环境保护达标监理

施工阶段环境保护达标监理是确保项目施工建设过程中各种污染因子达到环境保护标准要求的环境监理工作内容。根据环境影响评价报告书中有关施工期间污染防治措施及生态环境保护措施的具体要求，确保项目施工期间废水、废气、固废、噪声等满足国家和地方的环保要求。

（1）水环境达标监理内容

施工期废水由各施工单位负责，施工单位应建立施工废水管理和处理规划。废水不允许随意排放，须经处理后达标排放。

①加强施工期管理，核查施工单位是否采取相应措施有效控制污水中污染物的产生量。

②施工现场是否因地制宜，建造沉淀池、隔油池等污水临时处理设施。

③水泥、黄沙、石灰类的建筑材料是否集中堆放，并采取一定的防雨淋措施；是否及时清扫施工运输过程中抛撒的上述建筑材料，避免随雨水冲刷污染附近水体。

④施工期人员集中，施工营地是否设有化粪池并安装一体化污水处理设备，处理生活污水。

（2）大气环境达标监理内容

施工区域大气污染主要来源于施工过程中产生的废气和粉尘，因此要求对施工和生产过程中产生的废气和粉尘等大气污染进行监控。

①施工期间，厂区是否进行围挡，以减少扬尘污染。

②对施工便道是否定期进行洒水抑尘，减少道路扬尘的产生量。

③散装含尘物料是否堆放在挡风棚内，或覆盖防风篷布，或定时洒水抑尘。

④运送散装含尘物料的车辆是否用篷布遮盖并限载限速，以防物料飞扬；装运土方时车内土方是否低于车厢挡板，以减少途中撒落；对施工现场抛撒的砂石、水泥等物料是否及时清扫；砂石堆场、施工道路是否定时洒水抑尘。

⑤混凝土搅拌是否在临时工棚内进行或加设挡风板，以减少水泥粉尘外溢；加袋装水泥时，是否靠近搅拌机料口，加料速度缓慢。

⑥建议对排烟大的施工机械安装消烟装置，以减轻对大气环境的污染。

⑦焊接烟尘、金属人工除锈和切割粉尘，是否采用焊接烟尘净化机进行净化处理或在厂房内施工作业。

⑧其他易产生粉尘的施工内容（如喷砂除锈和衬里涂抹），是否合理安排工作时间，做好防尘措施。

⑨施工现场运输车辆车速是否小于40km/h。

（3）固体废弃物达标监理内容

对施工区固体废弃物（包括生产、生活垃圾和生产废渣）的处理是否符合报告书的要求进行核查，对不符合环保要求的行为进行现场处理并要求限期整改，使施工区达到环境安全和现场清洁整齐的要求。施工阶段垃圾应由各施工单位负责处理。

①施工单位是否建立施工期间垃圾的管理和回收处理计划；施工垃圾是否定点集中堆

放，统一运至垃圾处理厂处理。

②是否减少建筑材料在运输、装卸、施工过程中出现的跑、冒、滴、漏等现象；建筑垃圾是否在指定的堆放点存放，并及时送市政方案地点进行处理。

③施工现场的办公垃圾和施工营地的生活垃圾是否实行袋装化，每天是否由清洁员清理，集中送至指定堆放点。

（4）噪声环境达标监理内容

为防止噪声危害，对产生强烈噪声或振动的污染源，应按设计要求进行防治，使施工区域及其影响区域的噪声环境质量达到相应的标准。特别是在靠近生活营地和居民区的施工区域，必须避免噪声扰民。

①施工单位是否选用先进的低噪声设备；在高噪声设备周围是否适当设置屏障以减轻噪声对周围环境的影响，是否将施工场界的噪声控制在《建筑施工场界噪声标准限值》（GB 12523-90）规定的范围内。

②是否合理安排施工活动，以减少施工噪声影响时间。

③施工中是否选用效率高、噪声低的机械设备，并注意维修养护和正确使用，使之保持最佳工作状态和最低声级水平，可视情况给强噪声设备装隔声罩。

④施工中是否加强对施工机械的维护保养，以避免由于设备性能差而增大机械噪声的现象发生。

2. 环保设施监理

环保设施监理是监督检查项目施工建设过程中环境污染治理设施、环境风险防范设施是否按照环境影响评价文件及批复的要求建设。项目在建设主体生产装置的同时，根据"三同时"原则，监督环评报告及其批复中所提出的生产营运期污染的各项治理工程的工艺、设备、能力、规模、进度，按照设计文件的要求进行有效落实，使各项环保工程得到有效实施，确保项目"三同时"工作在各个阶段落实到位，使"三同时"环保设施与主体工程同时建成并投入运行。

（1）污水处理场

新建污水处理场是否按照"三同时"要求与主体工程一起设计、施工和投产，监理其建设的规模、处理容量、工艺流程是否与设计相一致。

如依托原有污水处理场，要充分考虑其处理容量、工艺流程是否满足要求，并保证项目运行后产生的污水能够顺利进入原有污染治理设施得到处理，避免暗排管线的建设。

（2）废气处理和回收装置

新建废气处理和回收装置是否按照"三同时"要求与主体工程一起设计、施工和投产，监理其建设的处理能力、处理工艺是否与设计相一致，是否能够满足各种废气的处理要求。

如依托原有装置，要充分考虑其处理容量、处理工艺是否满足要求，所依托的装置是否合理、有效、可靠。

（3）噪声控制措施

装置本身应采用低噪声喷嘴；一般机泵、风机等尽可能选择低噪声设备，高噪声设备应安置在室内，并采用减振、隔音、消声措施降低噪声。对蒸汽放空口、空气放空口、引风机入口加设消声器。将无法避免的高噪声设备尽量安排在远离厂界的部位，确保厂界噪声达标。

（4）垃圾填埋场

新建垃圾填埋场要按照建设要求进行建设，要符合《危险废物填埋污染控制标准》和《危险废物安全填埋处置工程建设技术要求》，要具有良好的防渗性、化学稳定性等，既能够填埋一般工业固体废物，又能满足危险废物的填埋要求。废催化剂类的废渣，有回收价值的由催化剂厂家回收。如依托利用原有垃圾填埋场，要看填埋场是否满足上述标准和要求，不能满足危险废物的填埋要求，危险废物交由有危废处理资质的单位处置。

3. 生态保护措施监理

（1）施工场地的位置是否严格按照指定地点位置。

（2）砂石料场、备料场（轨排场、制梁场、沥青混凝土搅拌站）是否布置在远离居民区等环境敏感点的地方，是否采取抑尘、堆场地面硬化处理。同时对易起尘物料是否采取库内堆存或加盖篷布等措施。

（3）开挖范围和开挖深度是否符合规定。

（4）厂内、外的生态环境恢复措施是否得到落实。

4. 环境管理监理

协助建设单位和施工单位建立与完善环境保护管理体系，涉及环保工作小组、环保规章制度、重大污染事故应急处理、施工人员环保培训和环保工作宣传等方方面面，保证环境监理工作顺利开展，并走向正规化、科学化和规范化。提高管理人员和施工人员的环保意识，要求各施工单位根据制定的环保培训和宣传计划，分批次、分阶段对职工进行环保教育，从而使广大的管理人员和施工人员的环保意识得到大幅度的提高。

分包单位资格审查程序

停工令

此外，为了确保建设项目施工周围环境质量和项目施工质量，项目工程施工出现需要停工处理的情况时，环境监理总监应在环境管理行政主管部门规定要求及建设单位授权范围内，下达工程项目环境监理停工指令。如果环保工程的项目出现分包情况，环境监理单位需要对环保项目分包单位的资格进行审查。

补充阅读

环保项目隐蔽工程的检验与验收要求

由于环保项目隐蔽工程在施工中一旦完成隐蔽，将很难再对其进行检查（这种检查往往成本很大），因此必须在环保项目隐蔽工程覆盖前进行检查验收。对于环保项目隐蔽工程中间验收，当环境监理机构接受建设单位委托，承担环境监理合同中专门约定时，环境监理机构对需要进行环保项目隐蔽工程中间验收的单项工程和部位要及时进行检查，不应影响后续工程的施工。

①必须完成自检要求。环保项目隐蔽工程具备隐蔽条件或达到合同专用条款约定的中间验收部位，施工单位要进行自检，并在环保项目隐蔽工程或中间验收前48小时以书面形式通知项目环境监理机构验收，填报环境监理检验申请批复单。通知包括环保项目隐蔽工程以及中间验收的内容、验收时间和地点。施工单位准备验收记录。

②共同检验要求。项目环境监理机构接到环保项目隐蔽工程施工单位的请求验收通知后，应在通知约定的时间与施工单位共同进行项目环保工程检查和试验。若检测结果表明验收合格，经项目环境监理机构在环保项目隐蔽工程验收记录上签字后，施工单位可进行工程隐蔽继续施工。验收不合格，施工单位应在项目环境监理机构限定的时间内修改后重新验收。在环保项目隐蔽工程共同进行检查和验收时，项目环境监理机构应注意环境监理工作的时效性，这是环境监理工作很重要的一个环节。

③按期检验要求。如果项目环境监理机构不能按时验收，应在环保项目隐蔽工程施工单位通知验收时间前24小时以书面形式向施工单位提出延期验收要求，但延期不能超过48小时。若项目环境监理机构未能按以上时间提出延期要求，又未能按时参加环保项目隐蔽工程验收，施工单位可自行组织验收。施工单位经过验收的检查、试验程序后，将环保项目隐蔽工程检查、试验记录递交项目环境监理机构。本次检验视为项目环境监理机构在场情况下进行的环保项目隐蔽工程验收，项目环境监理机构应承认环保项目隐蔽工程验收记录的正确性。

经项目环境监理机构验收，环保项目隐蔽工程符合标准、规范和设计图纸等的要求，验收24小时后，项目环境监理机构不在环保项目隐蔽工程验收记录上签字，视为项目环境监理机构已经认可环保项目隐蔽验收记录，项目环保工程施工单位可进行工程隐蔽继续施工。

④重新检验要求。无论项目环境监理机构是否参加了环保项目隐蔽工程验收，当其对环保项目隐蔽工程某部分有怀疑，均可要求环保项目隐蔽工程施工单位对已经覆盖的隐蔽工程部分进行重新检验。环保隐蔽工程或施工单位接到通知后，应按要求进行环保项目隐蔽工程部分剥离或开孔，并在项目重新检验后重新覆盖或修复。

重新检验表明合格，发包人承担由此发生的全部追加合同价款，赔偿环保项目隐蔽工程施工单位损失，并顺延工期；检验不合格，施工单位承担发生的全部费用，工期不予顺延。

补充阅读

建设项目环境监理环境影响的敏感点

环境影响的敏感点，是指建设项目环境监理依据项目环评文件，在认真勘察建设项目周边环境的社会构成、地形地貌、经济结构等特征后，查阅建设项目施工设计和施工布局，分析项目建设施工期的各种工程建设行为可能产生或潜在的环境污染影响及破坏因素的工程环境污染因素，对项目周围环境可能产生的有明显的污染影响和环境破坏有着灵敏影响反映的位置。

建设项目周围环境影响敏感点分成社会环境影响敏感点、自然环境影响敏感点、经济环境影响敏感点和环境标准规范约束性环境影响敏感点。

1. 社会环境影响敏感点

社会环境影响敏感点，又称“人居环境影响敏感点”，即和人类居住、生活、活动密切相关的行为产生地，有居民小区（居住地）、规模村庄、散居农舍、乡镇所在地、学校及幼托园所、医院（含医疗站、卫生院所、疗养院、诊所）、敬老院、移民搬迁区和移民安置区、商业集市、汽车站及加油加气站点、寺庙楼观等宗教场所、游乐园、单体或连体农家乐场所、自然遗址保护区、重点文物保护区、重点遗址保护区、地质遗址保护区、风景名胜旅游区及景点等。

2. 自然环境影响敏感点

自然环境影响敏感点是自然形成、人类历史活动形成、人类现代文明星辰给的体现人与自然和谐生活的场地，有城市地下水和地表水水源保护区、河流、湖泊、水库、池塘、渠道、村镇水源保护地、水生生物保护繁殖保护区（地）、水土保护功能区、水源涵养功能保护区、温泉及温泉保护区（地）、地下水涌泉及保护区（地）、海滩、滩涂及滩涂保护区、海水浴场及游泳场、海景沙滩、各自然保护区、生态保护区、名树古树保护区、植物园、防护林区（带）、草原牧场、高原草甸、沙漠治理保护区、植物景观欣赏保护区（园）、文物古迹保护区、公园、动物园、森林公园、林场及天然林保护区、红树林、水源涵养功能保护区、生物多样性功能保护场、物种多样性保护区、野生动植物保护繁殖场（园）、遗传基因多样性保护区等。

3.经济环境影响敏感点

经济环境影响敏感点是指人类生存、生产的基本要素，也是人类在环境中要生产发展、生活富裕、生态良好的表现形式，主要有农田、鱼塘、水塘、经济作物种植地（如棉花、水果类、烟叶、豆类农作物）、水生动物养殖区（地）、海区海产品养殖区、滩涂海产品养殖区（地）、种渔场、草原牧场、动植物繁殖地、牲畜养殖场地、规模性苗圃及职务种植园（区）、花园及花苗栽培园（区）等。

4.环境标准规范约束性环境影响敏感点

环境标准规范约束性环境影响敏感点是指距建设项目有一定距离，但在国家环境标准规定的防护距离内的人类活动地。国家环境标准与规范有《工业企业卫生防护距离标准》、《石化企业卫生防护距离标准》（SH 3093-1999）、《以噪声污染为主的工业企业卫生防护距离标准》（GB 18083-2000）、《乡镇集中饮用水水源保护区划分技术规范》（DB 61/335-2003）等。国家环境标准与规范严格规定了建设项目的环境影响防护距离和范围，也形成了特定防护距离和范围内的环境影响敏感点。

第三节　试运行（生产）阶段环境监理

一、试运行（生产）阶段环境监理概述

试运行（生产）阶段是指项目刚开始运行（生产），项目的机器设备还没有达到设计的最优阶段，处于调试阶段，试运行（生产）阶段一般为3个月左右（特殊项目除外）。需要进行试运行（生产）的建设项目，建设单位应当自试运行（生产）之日起3个月内向审批该建设项目的环境保护行政主管部门申请该建设项目竣工环境保护验收。试运行（生产）的期限最长不得超过一年。建设项目试运行（生产）期满后，还未具备验收条件的，建设单位必须向环保部门提出该建设项目环保延期验收申请，说明延期验收的理由及拟进行验收的时间，经批准后方可继续进行试生产。

此外，验收应在工况稳定、生产负荷达到设计生产能力的75%以上的情况下进行；生产能力达不到设计能力的75%时，应调整工况达到设计能力的75%以上再进行验收；如果短期内确实无法调整负荷达到设计能力的75%以上的，应在主体工程运行稳定、环境保护设施运行正常的条件下进行，并注明实际验收工况。

试运行(生产)期间环境监理是监督检查建设项目试运行(生产)期间环保“三同时”和环保设施运行、污染物达标排放、生态保护情况、环境风险防范设施运行情况的环境监理工作。环境监理人员应监督检查建设项目在试运行(生产)阶段落实的各项环境保护措施运行情况、建设项目对环境产生实际影响情况是否遵守国家环境保护法律、法规和环境影响报告书及其行政审批意见中的要求。

二、试运行(生产)阶段环境监理目的

试运行(生产)阶段环境监理是建设项目环境保护设施与主体工程同时投产并有效运行的环境监理工作的最后一道关口，是建设项目环境保护监督检查的重要内容。

试运行(生产)期间，环境监理人员监督检查建设项目的环境保护设施、污染物排放、污染影响和生态破坏程度、环境管理、清洁生产水平等各个方面是否符合环境保护验收条件，对不符合验收条件的应按要求进行整改。通过试运行(生产)阶段环境监理，可以有效地避免出现新的环保“欠账”，把建设项目对环境的影响控制在可接受的范围内，避免出现新建项目发生污染事故和污染纠纷的情况。

三、试运行(生产)阶段环境监理工作要求

试运行(生产)阶段的环境监理要客观公正、实事求是。必须如实反映污染防治设施建设运行情况、生态保护措施的落实情况及其效果；如实反映建设项目对环境和环境敏感目标的实际影响；对公众调查所反映的主要环境问题，应如实予以说明；对存在问题或不符合验收条件的建设项目应实事求是地提出可行的整改意见。

要求方法科学、重点突出。试运行(生产)的环境监理工作，必须按照有关技术规范的要求进行。对大型生态影响建设项目，采取必要的环境监测技术手段，说明项目建设后对环境的实际影响。环境监理的内容既要全面又应突出重点，对环境影响评价文件以及批复文件有关要求、对环境敏感区域和环境敏感目标的影响必须一一予以说明。

要求工作认真。因环境影响评价文件及批复意见是建设项目环境监理的重要依据，因此环境监理人员必须对其认真研究，对建设项目的实际影响范围、影响程度进行认真核查。对于与初步设计相比，实际建设或者地理位置和工程位置有变化的情况，监理人员应一一予以说明。对于公众反映的主要问题，环境监理单位应认真对待，分析产生问题的原因，提出解决问题的建议，并及时上报业主单位和环境保护行政主管部门。

四、试运行（生产）阶段环境监理工作内容

试生产阶段环境监理案例分析

试运行（生产）阶段环境监理的工作内容主要包括环保设施运行情况环境监理、生态保护措施恢复情况环境监理、社会环境影响环境监理、项目环境风险防范措施环境监理及项目的环境管理和监测计划环境监理。最后形成丰富完整的试运行（生产）期间环境监理报告，为项目的竣工环境保护验收提供依据。

（一）环保设施运行情况环境监理

试运行（生产）期间，建成项目能够达到环境影响评价及其批复文件污染物排放要求的重要前提是生产设备能够稳定运行和环保设施设备能够正常运转。

1. 水污染源环境监理

环境监理应监督检查水污染源情况、污染源治理情况、达标排放情况、水环境风险防范与应急措施落实情况等是否符合环境影响评价及其批复的要求。如果出现与上述文件要求不符的情况应及时报告业主单位和环保行政主管部门，并提出解决方案。

（1）水污染源情况：建设项目各设施的用水情况、污染产生环节、产生量、排放量、主要污染物、水资源重复利用情况等。

（2）污染源治理情况：污水处理工艺和流程、污染物去除率、污水排放去向和收纳水体情况。

（3）达标排放情况：通过监测，检查各排污口是否实现达标排放，有水污染物排放总量控制要求的，还应检查该要求是否得到落实。

（4）水环境风险防范与应急措施落实情况：重点检查水环境风险事故发生情况、环境影响评价文件及其批复文件有关环境风险应急措施要求的落实情况和应急物资的储备情况。

2. 大气污染源环境监理

大气污染源环境监理主要是监督检查包括大气污染物产生工艺（或环节）和大气污染源排放情况；在监理报告中应说明大气污染物来源、排放量、排放方式（包括有组织与无组织排放、间歇与连续排放）、排放去向、主要污染物及采取的处理方式，同时需附照片加以说明。如锅炉大气污染源检查应包括锅炉的型号、台数、运行工况、烟囱高度、燃料种类及质量、除尘脱硫设备型号及其工艺流程、烟气排放口的在线监测设备运行情况等。

3. 噪声污染源环境监理

环境监理主要监督检查建设项目试运行（生产）中的主要噪声源的名称、数量、运行

状况；检查建设项目影响区域内声环境敏感目标的功能、规模、与工程的相对位置关系及受影响的人数；检查项目采取的降噪措施和实际降噪效果，并附图表或照片加以说明。

4. 固体废物环境监理

环境监理人员应调查固体废物处理（处置）相关政策、规定和要求；核查工程产生的固体废物的种类、属性、主要来源及排放量，并将危险废物、尾矿渣、矸石、清库、清淤废物作为调查的重点；调查固体废物的处置方式，危险废物填埋区防渗措施应作为重点，临时堆存场地除应做好防渗工作外，还应有完善的安全管理措施。委托专业机构进行危险废物安全填埋或处置的，应注意调查机构的资质。

（二）生态保护措施恢复情况环境监理

试运行（生产）阶段生态影响环境监理侧重调查生态状况、生态影响、生态保护措施落实情况、生态保护措施实施效果、环境敏感目标，以及环境影响评价文件和审批文件提出的其他生态保护要求。

生态状况和生态影响环境监理应包括野生动植物的物种和生境，国家和地方重点保护野生动植物与地方特有的野生动植物的种类、保护级别、生境条件、种群分布与数量、生物通道，植被覆盖率等。

生态保护措施落实情况和生态保护措施实施效果环境监理应包括工程土石方量，临时占地的恢复措施与恢复效果，防护工程、绿化工程建设情况及其效果，水土流失治理率，国家和地方重点保护野生动植物的保护、恢复、补偿、重建措施和效果，以及保证生态流量的措施、减缓水温变化影响的措施、土地保护措施、生态监测措施等。

工程的建设特点决定了生态影响的性质，不同建设项目对生态影响的内容和程度有很大区别，因此环境监理的侧重点也会有所不同。工业类建设项目的生态环境监理的侧重点主要是厂区及周围的绿化工程、防护工程的建设情况及其效果等；生态类建设项目的生态环境监理内容比较多，如陆域野生动植物、水生生态、生态敏感目标、永久占地和临时占地等生态保护措施落实情况和效果的环境监理调查。根据调查的结果，试运行（生产）期环境监理报告中应列表逐一说明环境影响评价文件及审批文件中所提的各项措施的落实情况和实施效果。对未落实的措施和建设单位根据实际情况补充增加或更改的措施，报告中需说明原因，并分析根据实际情况调整后措施的有效性。

（三）社会环境影响环境监理

大型的建设项目因其工程涉及范围大、施工人员多，社会影响也很复杂，如拆迁移民、文物古迹、人群健康等环境影响，环境监理应监督检查环境影响评价文件中对这些社会环境影响提出的有关要求的落实情况。

某些大型建设项目建设占地往往需要居民迁移，水利水电项目称之为“移民”，其他项目称之为“拆迁”。一般情况下，移民或拆迁工作由地方政府专门机构负责，只拆迁住宅，生产资料（耕地）不动的称为“生活安置”；丧失生产资料需要重新分配的称为“生产安置”。在环境影响评价阶段，对移民或拆迁人口集中安置区的选址和有关的环境保护措施均会提出要求。环境监理，除应对移民或拆迁的基本情况进行调查外，重点应对集中安置区进行调查，调查的主要内容是：①集中安置区的位置是否符合环境影响评价文件要求；②环境影响评价文件及批复中的有关环境保护要求（如生活污水收集与处理、垃圾处理设施、水土保持措施等）落实情况；③必要时应对移民集中安置区的环境质量进行监测。

例如，某工程隧洞掘进对居民饮用水的影响环境监理。该工程沿工程隧洞掘进主要在区域地下水位线以上施工，但在个别地段有特殊岩层或断裂带发育，工程施工中采取了设计中的措施以减少地下水位下降，但由于工程区域地质条件复杂，仍不可避免地出现了部分民用水井地下水疏干、影响居民生活的现象。

为妥善解决施工对地下水的影响，查明工程周围民井地下水位下降的原因，建设单位委托中国地质科学院岩溶地质研究所环境工程中心对工程沿线水文地质情况进行了调查，提出了永久解决受影响村庄人畜饮水问题的建议，并采取了区分不同情况给村民每户砌水窖或给村庄打水井等措施，解决了26个村庄的人畜饮水问题和3个工厂的用水问题。在这一过程中，环境监理单位一方面起到监督及督促建设单位和承建单位的作用，使受影响居民人畜饮水问题早日得到解决；另一方面帮助建设单位协调及解决建设项目对周围社会环境的影响。

（四）环境风险防范措施环境监理

风险与事故一旦发生，不但会给国家和当地人民带来巨大的经济损失，还会危及人的生命安全，有的还会造成严重的环境污染或生态破坏，因此环境风险防范措施环境监理是建设项目试运行（生产）阶段环境监理的重要内容。根据《建设项目环境风险评价技术导则》规定：在建设项目环境影响报告书有关环境风险评价的内容中，应当对建设项目建设和运行期间发生的可预测突发性事件或事故（一般不包括人为破坏及自然灾害）引起有毒有害、易燃易爆等物质泄漏，或突发事件产生的新的有毒有害物质，所造成的对人身安全与环境的影响和损害，进行评估，提出防范、应急与减缓措施。

在试运行（生产）环境监理过程中，有关环境风险防范措施监督检查应包括以下内容：①试运行（生产）阶段是否发生过对环境或人群健康造成损害的突发性事故，并检查事故发生后建设单位所采取的防范措施和效果。②环境影响报告书及批复文件中提出的环境风险防范措施要求是否得到落实，其中主要包括选址、总图布置和建筑安全防范措施，危险化学品贮运安全防范措施，工艺技术设计安全防范措施，自动控制设计安全防范措施，电气、电信安全防范措施，消防及火灾报警系统、紧急救援站或有毒气体防护站设计等；③环境风险应急预案编制情况，尤其应注意检查工程运行管理部门与地方政府应急联动的机制和应急反应时间。④环境风险应急机构的设置和应急队伍的培训情况。⑤各类应急物资的储备。⑥针对存在的问题提出可操作的改进措施和建议。⑦必要时，可在试运行(生产)阶段要求进行演习（见图3-3）。

图 3-3　某码头工程污染事故应急演练

（五）环境管理与监测计划环境监理

试运行（生产）阶段环境管理和监测计划环境监理内容主要包括试运行（生产）阶段环境管理情况、环保投资落实情况、监测计划落实情况、日常环境管理工作的建议等。

1. 环境管理情况

环境监理单位监督检查的内容包括机构设置、人员配备、规章制度、人员培训等方面。监督检查建设单位是否设有专职的机构负责日常环境管理工作，环境管理的制度是否完善。委托专业单位对环境保护设施进行管理的，应出具有关管理合同。

2. 环保投资落实情况

环境监理检查工程施工及试运行（生产）阶段环境保护分项投资及总额，并与环境影响评价文件报告、设计文件相对比，检查环保投资分项落实情况。

3. 监测计划落实情况

应对照环境影响评价文件有关试运行（生产）阶段开展环境监测的要求，逐一调查环境监测计划的落实情况、监测结果，并进行影响分析。

建设项目竣工环境保护验收暂行办法

4. 环境管理工作建议

在试运行（生产）期间，环境监理单位还应就建设项目目前的环境管理工作提出问题，并进一步提出完善和改进的建议。

补充阅读

建设项目竣工环境保护验收程序与内容

1. 建设项目竣工后，建设单位应当如实查验、监测、记载建设项目环境保护设施的建设和调试情况，编制验收监测（调查）报告。

以排放污染物为主的建设项目，参照《建设项目竣工环境保护验收技术指南 污染影响类》编制验收监测报告；主要对生态造成影响的建设项目，按照《建设项目竣工环境保护验收技术规范 生态影响类》编制验收调查报告；火力发电、石油炼制、水利水电、核与辐射等已发布行业验收技术规范的建设项目，按照该行业验收技术规范编制验收监测报告或者验收调查报告。

建设单位不具备编制验收监测（调查）报告能力的，可以委托有能力的技术机构编制。建设单位对受委托的技术机构编制的验收监测（调查）报告结论负责。建设单位与受委托的技术机构之间的权利义务关系，以及受委托的技术机构应当承担的责任，可以通过合同形式约定。

2. 需要对建设项目配套建设的环境保护设施进行调试的，建设单位应当确保调试期间污染物排放符合国家和地方有关污染物排放标准和排污许可等相关管理规定。

环境保护设施未与主体工程同时建成的，或者应当取得排污许可证但未取得的，建设单位不得对该建设项目环境保护设施进行调试。调试期间，建设单位应当对环境保护设施运行情况和建设项目对环境的影响进行监测。验收监测应当在确保主体工程调试工况稳定、环境保护设施运行正常的情况下进行，并如实记录监测时的实际工况。国家和地方有关污染物排放标准或者行业验收技术规范对工况和生产负荷另有规定的，按其规定执行。建设单位开展验收监测活动，可根据自身条件和能力，利用自有人员、场所和设备自行监测；也可委托其他有能力的监测机构开展监测。

验收监测（调查）报告编制完成后，建设单位应当根据验收监测（调查）报告结论，逐一检查是否存在本办法第八条所列验收不合格的情形，提出验收意见。存在问题的，建设单位应当进行整改，整改完成后方可提出验收意见。

3. 验收意见包括工程建设基本情况、工程变动情况、环境保护设施落实情况、环境保护设施调试效果、工程建设对环境的影响、验收结论和后续要求等内容，验收结论应当明确该建设项目环境保护设施是否验收合格。建设项目配套建设的环境保护设施经验收合格后，其主体工程方可投入生产或者使用；未经验收或者验收不合格的，不得投入生产或者使用。

4.建设项目环境保护设施存在下列情形之一的，建设单位不得提出验收合格的意见：

（1）未按环境影响报告书（表）及其审批部门审批决定要求建成环境保护设施，或者环境保护设施不能与主体工程同时投产或者使用的；（2）污染物排放不符合国家和地方相关标准、环境影响报告书（表）及其审批部门审批决定或者重点污染物排放总量控制指标要求的；（3）环境影响报告书（表）经批准后，该建设项目的性质、规模、地点、采用的生产工艺或者防治污染、防止生态破坏的措施发生重大变动，建设单位未重新报批环境影响报告书（表）或者环境影响报告书（表）未经批准的；（4）建设过程中造成重大环境污染未治理完成，或者造成重大生态破坏未恢复的；（5）纳入排污许可管理的建设项目，无证排污或者不按证排污的；（6）分期建设、分期投入生产或者使用依法应当分期验收的建设项目，其分期建设、分期投入生产或者使用的环境保护设施防治环境污染和生态破坏的能力不能满足其相应主体工程需要的；（7）建设单位因该建设项目违反国家和地方环境保护法律法规受到处罚，被责令改正，尚未改正完成的；（8）验收报告的基础资料数据明显不实，内容存在重大缺项、遗漏，或者验收结论不明确、不合理的；（9）其他环境保护法律法规规章等规定不得通过环境保护验收的。

5.为提高验收的有效性，在提出验收意见的过程中，建设单位可以组织成立验收工作组，采取现场检查、资料查阅、召开验收会议等方式，协助开展验收工作。验收工作组可以由设计单位、施工单位、环境影响报告书（表）编制机构、验收监测（调查）报告编制机构等单位代表以及专业技术专家等组成，代表范围和人数自定。

6.建设单位在“其他需要说明的事项”中应当如实记载环境保护设施设计、施工和验收过程简况、环境影响报告书（表）及其审批部门审批决定中提出的除环境保护设施外的其他环境保护对策措施的实施情况，以及整改工作情况等。相关地方政府或者政府部门承诺负责实施与项目建设配套的防护距离内居民搬迁、功能置换、栖息地保护等环境保护对策措施的，建设单位应当积极配合地方政府或部门在所承诺的时限内完成，并在“其他需要说明的事项”中如实记载前述环境保护对策措施的实施情况。

7.除按照国家需要保密的情形外，建设单位应当通过其网站或其他便于公众知晓的方式，向社会公开下列信息：（1）建设项目配套建设的环境保护设施竣工后，公开竣工日期；（2）对建设项目配套建设的环境保护设施进行调试前，公开调试的起止日期；（3）验收报告编制完成后5个工作日内，公开验收报告，公示的期限不得少于20个工作日。建设单位公开上述信息的同时，应当向所在地县级以上环境保护主管部门报送相关信息，并接受监督检查。

8.除需要取得排污许可证的水和大气污染防治设施外，其他环境保护设施的验收期限一般不超过3个月；需要对该类环境保护设施进行调试或者整改的，验收期限可以适当延期，但最长不超过12个月。验收期限是指自建设项目环境保护设施竣工之日起至建设单位向社会公开验收报告之日止的时间。

9.验收报告公示期满后5个工作日内，建设单位应当登录全国建设项目竣工环境保护验收信息平台，填报建设项目基本信息、环境保护设施验收情况等相关信息，环境保护主管部门对上述信息予以公开。建设单位应当将验收报告以及其他档案资料存档备查。

10.纳入排污许可管理的建设项目，排污单位应当在项目产生实际污染物排放之前，按照国家排污许可有关管理规定要求，申请排污许可证，不得无证排污或不按证排污。建设项目验收报告中与污染物排放相关的主要内容应当纳入该项目验收完成当年排污许可证执行年报。

本章小结

本章重点内容视频

本章主要介绍了建设项目设计阶段、施工阶段和试运行（生产）阶段环境监理的主要工作内容。设计阶段环境监理内容包括主体工程设计文件环保审核、环保项目设计交底与图纸会审以及涉及环境敏感区设计内容审核。生态类建设项目和工业类建设项目在施工阶段环境监理工作内容均包括施工阶段环境保护达标监理、环保设施监理、生态保护措施监理和环境管理等，但侧重点有所不同。对于生态类建设项目来说，施工阶段环境监理最为重要的内容是生态保护措施监理，包括生态影响减缓措施环境监理，水土流失环境监理，陆生、水生动植物监理，文物景观监理，移民安置监理等。对于工业类建设项目来说，施工阶段环境监理最为重要的内容是环保设施监理。试运行（生产）阶段环境监理的工作内容主要包括环保设施运行情况环境监理、生态保护措施恢复情况环境监理、社会环境影响环境监理、项目环境风险防范措施环境监理及项目的环境管理和监测计划环境监理。最后形成丰富完整的试运行（生产）期间环境监理报告，为项目的竣工环境保护验收提供依据。环境监理单位应该协助建设单位自试运行（生产）之日起3个月内向审批该建设项目的环境保护行政主管部门申请该建设项目竣工环境保护验收。

复习思考题

一、问答题

1. 阐述环境监理进行设计文件环保审查的基本内容。

2. 生态类建设项目施工阶段环境监理工作主要内容有哪些?

3. 工业类建设项目施工阶段环境监理工作主要内容是什么?

4. 为什么要进行试运行阶段的环境监理?

二、选择题

1. 环境监理在对生产设备和生产设施进行核实时，应重点检查（　　）。

A. 批建不符　　B. 使用淘汰设备　　C. 设备厂家　　D. 未经审批项目实施

2.（　　）是环境监理单位施工期环境管理的职责之一。

A. 制定必要的奖惩制度，对破坏生态环境、污染环境的工程行为采取通报批评、提出整改要求或罚款等

B. 强制要求落实运营期污染防治措施

C. 实施施工组织设计

D. 制定环境监理工作实施方案

3. 减少生态影响的工程措施一般可以从（　　）方面考虑。

A. 设计优化　B. 施工方案合理化　C. 加大工程投资　D. 加强工程环境保护管理

4. 下列关于环境监理论述正确的是（　　）。

A. 对于主体工程，以工程监理为主，环境监理为辅，相互合作

B. 对于主体工程，以环境监理为主，工程监理为辅，相互合作

C. 环境监理机构直接与建设单位签订合同，与工程监理呈并列关系

D. 在工程监理部门下设环境监理

5. 设计文件和施工图设计环保审核需重点关注（　　）等可能带来的环境影响，核实对环境敏感区采取的环保措施和生态恢复措施是否落实到设计文件中。

A. 本底环境的变化　　B. 工程方案的变化

C. 施工工艺与方式变化　　D. 工程与环境敏感区位置变化

6. 对主体工程设计与环评文件及其批复的相符性进行审查时，审查主要内容包括（　　）。

A. 产排污点　　B. 生产工艺及设备　　C. 工程选址及规模　　D. 施工人数和投资

三、案例分析题

案例1：

某业主建设一个城市污水处理厂，委托A监理公司进行环境监理，经过施工招标，业主选择了B建筑公司承担工程施工任务。B建筑公司拟把土建工程分包给C公司，拟将暖通、水电工程分包给D公司。

在总环境监理工程师（总工）组织的现场监理机构工作会上，总工要求环境监理人员在B建筑公司进入施工现场到开工这段时间内要熟悉相关文件资料，认真审核施工单位提供的有关文件和资料等。

请问：

（1）在这段时间里环境监理人员主要要熟悉哪些资料？

（2）在这段时间里环境监理人员应重点审核施工单位的哪些技术文件和资料？

案例2：

某煤矿建设项目环评批复和可研生产能力为150万吨/年，工程开工建设前位于首采区的居民全部得到妥善搬迁安置。改建项目的环境监理发现，项目环评文件批复后，初步设计中对首采区开采范围进行了局部调整：（1）首采区面积比环评时增加了4 km^2；（2）位于工业区的30t/h锅炉房位置进行了调整，锅炉烟气净化设施由多管旋风除尘器改为湿式冲击式水浴，并增加双碱法脱硫。（3）首采区调整后，A村位于增加的采区面积内，拟进行搬迁，其余环保目标和环评时一致。

请围绕题干回答以下问题：

（1）简答首采范围调整后，环境监理工作应增加的主要文件依据及需增加开展的工作内容。

（2）阐述首采范围调整后，环境监理面积范围的变化情况。

（3）简述环境监理报告中有关锅炉烟气净化设施的主要环境监理内容。

拓展信息

“全国建设项目环境影响评价管理信息平台”，网址：http://114.251.10.205。

第四章 环境监理组织协调与污染事故处理

第一节 环境监理组织协调工作

环境监理目标的实现，需要环境监理工程师具备扎实的专业知识和对监理程序的有效执行，此外，还要求监理工程师有较强的组织协调能力。组织协调的目的是对环境监理工作过程中产生的各种关系进行疏导，对产生的干扰和障碍予以排除，以便理顺各种关系，使环境监理的全过程处于顺畅的运行状态，确保环境监理总目标的实现。建设单位、施工单位、设计单位、工程监理单位构成了项目建设工程管理的一个整体。环境监理作为一个专业咨询、技术服务单位要融入其中，必须明确自身的关系定位，才能做好与各方的组织协调工作。此外，一些建设工程建成后，不仅给业主带来效益，还会给当地的人民生活带来一定的影响，往往会引起社会各界的关注。环境监理单位应该重视与项目周边公众的交流，了解公众的意见，并向公众讲解建设项目的实际环境影响和采取的防治措施。

环境监理组织协调的主要内容包括环境监理机构内部组织协调，与参与各方的组织协调，与环保主管部门、其他外部单位、公众等的组织协调等。环境监理协调的管理界面如图4-1所示。

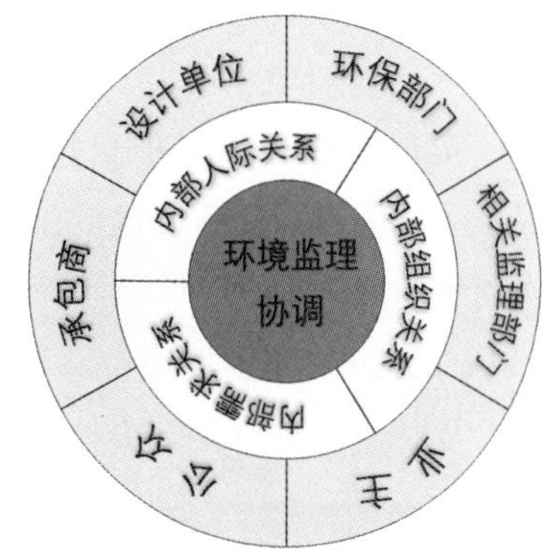

图4-1 环境监理协调管理界面

一、环境监理组织协调的概念

组织协调就是联结、联合、调和所有的活动及力量。协调的目的是力求得到各方面协助，促使各方协调一致，齐心协力，以实现组织的预定目标。协调是管理的核心职能，它作为一种管理方法贯穿于整个项目和项目管理过程中。协调又称协调管理,在美国的项目管理中称为界面管理。界面管理是指主动协调相互作用的子系统之间的能量、物质、信息交换，以实现系统目标的活动。系统是由若干相互联系又相互制约的要素，有组织、有秩序组成的，具有特定功能和目标的统一体。建设工程系统就是一个由人员、物质、信息等构成的人为组织系统。从系统分析的角度，建设工程的协调一般有三大类：一是“人员/人员界面”；二是“系统/系统界面”；三是“系统/环境界面”。

建设工程组织是由各类人员组成的工作班子，每个人的性格、习惯、能力、岗位、任务、作用都不同，即使只有两个人在一起工作，也有潜在的人员矛盾和危机。这种人和人之间的间隔，就是所谓的“人员/人员界面”。建设工程系统是由若干个子项目组成的完整体系，子项目即子系统。由于子系统的功能、目标不同，容易产生各自为政的趋势和相互推诿的现象。这种子系统和子系统之间的间隔，就是所谓的“系统/系统界面”。建设工程是一个典型的开放系统。它具有环境适应性，能主动从外部世界取得必要的能量、物质和信息。在取得的过程中不可能没有障碍和阻力，这种系统和环境之间的间隔，就是所谓的“系统/环境界面”。工程项目协调管理就是在“人员/人员界面”“系统/系统界面”“系统/环境界面”之间，对所有的活动及力量进行联络、联合、调和的工作。系统方法强调要把系统作为一个整体来研究和处理，因为总体的作用规模要比各子系统的作用规模之和大。为了顺利实现建设工程系统目标，必须重视协调管理，发挥系统整体功能。

环境监理工作的组织协调是指在监理过程中，工程环境监理单位对相关单位的协作关系进行协调，使相互之间加强合作、减少矛盾、避免纠纷，共同完成项目环境保护目标。组织协调是最为重要也最为困难的，是环境监理工作是否成功的关键。只有通过积极的组织协调才能实现整个系统全面协调的目的。一个成功的环境监理工程师，就应该是一个善于“通过别人的工作把事情做好的管理者”。

二、环境监理组织协调的作用

实现工程环境保护目标是参建单位的共同目标，施工中各方从不同的管理角度着眼，一定会出现矛盾，因此施工中有大量的协调工作需要落实。协调具有以下三个方面的作用。

（1）纠偏和预控错位。及时纠错或采用预控措施事前调整错位。发现问题于初始阶段，及时监督整改，坚决杜绝环保不达标的工程建设，为建设项目的顺利实施和生产创造条件。

（2）确保环境保护达标的关键是协调。在建设施工中，有许多单位工程是由不同专业的工程组成的。由于对环境保护重要性的不了解，会存在施工过程中对环境保护措施的落实要求不同或因某些施工人员忽略施工期的环境保护措施或出现不文明施工现象，这就需要环境工程师对其进行教育讲解，让施工单位及人员意识到环境保护的重要性，自觉进行施工期环境保护。

（3）协调是平衡的手段。环境监理工程师需要从远外层、近外层和监理单位内部进行协调平衡。建设工程与近外层关联的单位一般有合同关系，如承包单位、设计单位、材料供货单位等。建设单位与远外层单位一般没有合同关系，如政府相关监督机构、公众等。实践经验证明，项目的圆满顺利完成，是多方配合相互合作的共同成果。环境监理工程师在工程项目中的特殊地位和现场项目管理中的核心作用，必须突出其“协调”的作用。

三、环境监理组织协调的工作内容

（一）环境监理机构内部的协调

作为建设项目的环境监理，不是由一两个人就可以完成的，通常要由按一定专业比例，并按责任范围进行科学分工的“高智能”专业人才群体共同努力来完成。这个群体，少则几个人，多则几十个人，为此，环境监理工程师首先要搞好内部关系协调，这主要包括人际关系、组织关系及需求关系。

1. 项目环境监理机构内部人际关系的协调

项目总监理工程师是组织协调的主要负责人，应首先抓好人际关系的协调，要采用公开的信息政策，让大家了解项目实施情况，遇到问题或危机，经常性指导工作，和成员一起商讨遇到的问题，多倾听他们的意见、建议，鼓励大家同舟共济。在人际关系协调上应注重以下几点。

（1）在人员的分工和工作安排上要量才而用。要根据每个人的专业、专长进行有机组合安排。人员的搭配注意能力互补、性格互补、年龄互补。人员配置应尽可能少而精，防止力不胜任和忙闲不均现象。

（2）在工作委任上要职责分明。对项目环境监理机构内的每一个岗位，都应订立明确的目标和岗位责任制，应通过智能清理，使管理职能不重不漏，做到事事有人管、人人有专责，同时明确岗位职权，使每个人均能在组织内部找到自己的合适位置，既无心理不平衡又无失落感。

（3）在成绩评价上要求实事求是。工作成绩的取得，不仅需要主观努力，而且需要一定的工作条件和相互配合。要发扬民主作风、实事求是评价，以免人员无功自傲或有功受屈，让每个人都热爱自己的工作，并对工作充满信心和希望。

（4）在矛盾调解上要恰到好处。人员之间的矛盾总是存在，一旦出现矛盾就应进行调解。调解要恰到好处：一是掌握大局；二是注意方法。通常的矛盾是工作上的意见分歧，除个别情况外，一般内部矛盾是工程矛盾的反映，也是环境监理内部运行中所呈现问题的具体化。因此，要多听取项目监理机构成员的意见和建议，及时沟通，使人员始终处于团结、和谐、热情、高涨的工作气氛之中。

2. 项目环境监理机构内部组织关系的协调

项目环境监理机构是由大气、水、噪声、固废、生态及土建等专业组组成的工作体系。每个专业组都有自己的目标和任务。如果每个子系统都从建设工程的整体利益出发，理解和履行自己的职责，则整个系统就会处于有序的良性状态。

项目环境监理机构内部组织关系的协调可从以下几方面进行：

（1）在目标分解的基础上设置组织机构，根据工程对象及委托监理合同所规定的工作内容，设置配套的管理部门。

（2）明确规定每个部门的目标、职责和权限，最好以规章制度的形式做出明文规定。

（3）事先约定各个部门在工作中的相互关系。在工程建设中许多工作是由多个部门共同完成的，其中有主办、牵头和协作、配合之分，事先约定，才不至于出现误事、脱节等贻误工作的现象。

（4）建立信息沟通制度，如采用工作例会、业务碰头会、发会议纪要、工作流程图或信息传递卡等方式来沟通信息，这样可使局部了解全局，服从并适应全局需要。

（5）及时消除工作中的矛盾或冲突。总环境监理工程师应采用民主的作风，注意从心理学、行为科学的角度激励各个成员的工作积极性；采用公开的信息政策，让大家了解建设项目实施情况、遇到的问题和危机；经常性地指导工作，和成员一起商讨遇到的问题，多倾听他们的意见、建议，鼓励大家同舟共济。

3. 项目环境监理机构内部需求关系的协调

建设工程监理实施中有人员需求、环境监测设备需求、办公设施需求等，而资源是有限的。因此，内部需求平衡至关重要。需求关系的协调可从以下环节进行：

（1）对环境监测设备的平衡。

项目环境监理工作开始时，要做好环境监理细则的编写工作，提出合理的环境监理计划，确定时间、地点、监测因子等工作，确保环境监测设备得到合理的使用。在建设项目环境监理工作中，除配备基本环境监测设备外，对某些环境敏感的项目，环境监理机构还需对现场的环境影响因子进行采样分析，这需要组织协调公司大型监测设备的使用。

（2）对环境监理人员的平衡。

要抓住调度环节，注意各专业环境监理工程师的配合。在建设项目环境监理工作中，需要调度不同专业的环境监理工程师，因此环境监理力量的安排必须考虑到工程进展情况，做出合理的安排，以保证环境监理工作目标的实现。

（二）环境监理机构外部的协调

环境监理人员在工程建设中有其特殊的地位，表现为他们受建设单位的委托、代表建设单位，对建设项目施工过程中的环境保护达标情况、环境保护设施落实情况及生态保护措施有监督检查权，对发生在建设过程中环境保护相关要求不达标等问题有权责令整改，这样自然而然地形成了环境监理人员在建设中的核心地位。但是，环境监理人员绝不能因为自己的特殊地位而不注意和工程建设其他组织之间的协调，摆不正监理与被监理、监理与服务的关系。环境监理人员务必要坚持环境监理原则、维护相关方面的正当利益，坚持独立、公正、科学地进行环境监理工作，以期顺利地完成建设项目环境监理任务。

1. 与业主的协调

实践证明，环境监理目标的顺利实现和与业主的协调是否有效有很大关系。与业主的协调是环境监理工作的重点和难点。环境监理工程师应从以下几方面加强与业主的协调：

（1）环境监理工程师首先要理解建设项目的环境保护内容、环境保护目标，理解业主的意图。对于未能参加项目决策过程的环境监理工程师，必须了解项目构思的基础、起因、出发点，否则可能对环境监理工作目标及完成任务有不完整的理解，会给工作造成很大的困难。

（2）利用工作之便做好环境监理、环境保护宣传工作，增进业主对环境监理工作的理解，特别是对建设项目环境保护方面的要求和环境监理程序的理解；主动帮助业主处理建设项目环境保护方面的事务性工作，以自己规范化、标准化、制度化的工作去影响和促进双方工作的协调一致。

（3）尊重业主，让业主一起投入到建设项目环境保护的全过程中。按照业主的要求，对施工现场进行管理。对于业主提出的某些不合理的要求，只要不属于原则问题，都可以先执行，然后利用适当时机、采取适当方式加以说明或解释；对于原则性问题，可以采取书面报告等形式说明原委，尽量避免发生误解，以使建设项目顺利施工，顺利通过环境保护竣工验收。

2. 与承包商的协调

环境监理工程师对施工期环境保护达标及环保设施落实情况的环境监理工作，都是通过承包商的工作来实现的，所以做好与承包商的协调工作是环境监理工程师组织协调工作的重要内容。

首先，环境监理工程师应该坚持原则，实事求是，严格按规范、规程办事，讲究科学态度。环境监理工作中在强调各方面利益一致性的同时，环境监理工程师应鼓励承包商将建设项目环境保护措施实施情况、实际效果和遇到的困难与意见向他汇报，以寻找环境保护不达标的原因，帮助协调解决出现的问题。双方了解得越多越深刻，环境监理工作中的对抗和争执就越少。其次，协调不仅是方法、技术问题，更多的是语言艺术、感情交流和用权适度问题。高超的协调能力往往起到事半功倍的效果，令各方面都满意。此外，应特别重视施工阶段的协调工作，其主要内容如下：

（1）与承包商项目经理关系的协调。从承包商项目经理及其他工地工程师的角度来说，他们最希望监理工程师是公正、通情达理并容易理解别人的；希望从监理工程师处得到明确而不是含糊的指示，并且能够对他们所询问的问题给予及时的答复；希望监理工程师的指示能够在他们工作之前发出。他们可能对本本主义者以及工作方法僵硬的监理工程师最为反感。这些心理现象，作为监理工程师来说，应该非常清楚。一个既能懂得坚持原则，又善于理解承包商项目经理的意见，工作方法灵活，随时可能提出或愿意接受变通办法的监理工程师肯定是受欢迎的。

（2）对环境质量的协调。建设单位施工，对环境质量有着不同程度的影响。对于施工现场环境保护措施不到位、环保设施与设计图纸相差较大及生态保护不达标的承包单位，环境监理工程师除了立即制止外，还要采取相应的处理措施。遇到这种情况，环境监理工程师在写处理意见时，应附上相应环保依据和整改措施。有些建设项目，业主单位与承包单位约定环保工作项目验收一票否决制。施工合同中必须有环保条款，责任分明、目标明确，对施工现场要实施全过程、全方位的环境监管，从而保证环保设计中各项环保措施能够顺利实施。目前有些已经可以利用计量支付手段约束承包商的环保履约行为，在中间交工检验或计量支付表格上增添环境监理工程师签字栏，承包商对环境监理工程师每次工地例会通报或环境监理中下达的环保工作指令必须完成。

（3）处理好人际关系。在环境监理过程中，环境监理工程师处于一种十分特殊的位置。业主希望得到独立、专业的高质量服务，而承包商希望环境监理单位能有一个公正合理的环境保护要求。因此，环境监理工程师必须善于处理各种人际关系：既要严格遵守职业道德、礼貌而坚决地拒收任何礼物，以保证行为的公正性；也要利用各种机会增进与各方面人员的友谊与合作，宣传环境保护的重要性，以使承包商自觉注意现场环境保护。否则，便有可能引起业主或承包商对其可信赖程度的怀疑。

3. 与设计单位的协调

环境监理单位及其环境监理工程师必须认识到，建设项目施工期的环境监理单位虽然与设计单位之间无直接合同关系，但还是要协调与设计单位的工作，以加快工程进度，确保质量，降低消耗。外部环境因素对设计工作的顺利开展有着重要影响。例如：业主提供的设计所需要的基础资料是否满足要求；政府有关管理部门能否按时对设计进行审查和批准；业主需求会不会发生变化；参加项目设计的多家单位能否有效协作；等等。因此，环境监理单位及其环境监理工程师要协调与设计单位的关系，其可以从以下三方面入手：

（1）真诚尊重设计单位的意见。例如，组织设计单位向承包商介绍环保设施工程概况、设计意图、技术要求、施工难点等。把标准过高、设计遗漏、图纸差错等问题解决在施工之前；施工阶段严格按图施工，结构工程验收、专业工程验收、竣工验收等工作均请设计代表参加；若发生质量事故应认真听取设计单位的处理意见；等等。

（2）施工中若发现设计缺陷，应及时按工作程序向设计单位提出，以免造成大的直接损失。若环境监理单位掌握比原设计更先进的新技术、新工艺、新材料、新结构、新设备，或由于工期周边环境变化导致原设计不能实施时，环境监理单位可主动向设计单位推荐，进行“设计变更”。

（3）环境监理单位与设计单位都是受业主的委托进行工作的，环境监理单位主要是和设计单位做好交流工作，注意信息传递的及时性和程序性。环境监理工作联系单、工程变更的传递，要按规定的程序进行。环境监理人员发现工程设计不符合环评及其批复要求时，应当报告给建设单位要求设计单位更改，与设计单位的协调主要靠业主的支持。

4. 与政府环保部门的配合

项目的建设总是为了满足国民经济发展的需要，并给区域经济发展带来好处，为当地人民生活水平和生活质量的改善带来契机，但建设也可能给当地带来一些不利因素，如部分农田被占、树木被砍伐、破坏了自然生态的平衡。建设过程中废渣的遗弃、废水废气的排放会给周围的环境带来不同程度的污染。

环境监理单位在对业主负责的同时，也要公平、公正地将建设项目环境保护的落实情况定期、真实地汇报到当地和审批该项目的环境保护主管部门，做好与环境保护行政主管部门对项目建设环境管理的配合工作。建设项目环境监理工作是国家建设项目环境保护管理的重要组成部分，也是建设项目环境管理全过程监管政策的落实体现。环境监理与环境管理部门的协调工作如下：

（1）环境监理在某种意义上是代表环境管理部门，对建设项目全过程环境保护问题进行管理监督，要保证有效落实环境管理部门提出的环境保护措施和真正落实“三同时”制度，必须尊重国家有关建设项目环境管理的法律、环境质量法规标准和环境影响报告书及批复文件的相关要求，并贯彻落实到工程的设计和施工管理中，服从环境管理部门的管理、指导和监督。

（2）环境监理机构以环境监理月报、季报、年报等形式，定期向环境管理部门报告项目施工期环境保护事项，确保项目施工现场的情况，能够及时、准确地反映到环境管理部门手中，使其及早发现问题并解决问题。重大环境问题应随时上报环境管理部门。

（3）建设单位与环境管理部门进行交流沟通时，环境监理机构给予积极协助，求得支持与帮助。建设单位向环境管理部门进行项目情况汇报时，环境监理机构提供建设项目施工期环境保护资料。对环境管理部门提出的项目施工期存在的环境问题及要求，环境监理机构应提示建设项目单位及时改正落实。

（4）环境监理机构有义务协助环境管理部门对相关环保知识及法律法规进行宣传。对违反环保相关法律法规的单位及个人进行教育，使其认识到环保的重要性。

5. 与相关专业监理单位的协调

一般大型建设项目工程中有多个监理单位，包括工程监理、水保监理、移民监理、安全监理等。每个监理单位都有各自的分工及侧重点，但也存在很多交叉工作。这就要求环境监理人员要统筹兼顾，协调好各方关系。

6. 与公众的协调

一些大中型建设工程建成后，不仅会给业主带来效益，还会给该地区的经济发展带来好处，同时也会对当地人民的生活带来一定的影响，因此必然会引起社会各界的关注。环境监理单位对与公众的协调应本着公开、平等、广泛和便利的原则，根据项目所在区域的经济发展状况、乡土民俗、民族文化等实际情况进行。可采用问卷抽样调查、走访咨询和召开小型座谈会的形式，了解周围公众的意见，并向公众讲解建设项目的实际环境影响及采取的防治措施。与公众关系的协调，也是建设项目顺利开展的重要原因之一。

此外，在建设单位与社会其他单位就建设项目环境问题进行协调工作时，环境监理也有相应的协调配合工作。

（1）可以受建设单位委托与相关新闻媒介沟通，让外界社会更好更全面地了解建设期间环境保护现场的情况，从维护社会环境和建设单位利益出发，为整个建设单位的形象做服务性宣传。

（2）作为建设期环境保护的监管责任人，环境监理有义务为建设单位在工程公证中，就建设单位是否按照环保要求实施环保方案和落实环保设施等问题发表科学真实的环境监理意见。

（3）建设项目因项目施工征用土地及临时占用工地，或因建设施工期施工行为污染环境造成的居民搬迁问题，环境监理有义务协助建设方解决居民搬迁或建设拆迁移民中的环保问题，对于拆迁移民存在的建设项目环境保护忧虑及异议，进行环境保护法律知识的解释及沟通，并最终达成一致，以减少对建设工程的影响。

（4）环境监理作为建设单位聘用单位，有义务向相关金融组织出示建设项目环境保护相关问题落实情况的环境监理意见表述。

四、环境监理组织协调的方法

组织协调工作的宗旨是：清楚彼此的差异冲突，形成一个齐心协力的工作整体。其主要的工作方法有：

（1）对业主相关工作的提示。需要业主配合完成的工作内容应提前告知业主，在环境监理开展之初，以表格的形式罗列业主需要参与的事宜和大概时间。对于近期需要业主参与和配合的事宜提前再次通知业主，以便业主负责人可以更好地安排工作。

（2）对承包商施工中的管理。承包商承揽本工程的施工任务后，环境监理工程师应根据业主的要求和环境监理部的要求督促承包商建立健全相关的环保组织机构，如项目组织机构、环境保护组织机构等，特别要注意审查其施工组织设计，为以后的施工组织、施工管理打下良好的基础。

（3）监督参建单位各方认真履行合同中的环保条款，竭力促使各参建单位内部环境保护协调工作正常运转。

（4）发挥环境保护月度例会的作用。召开有业主参加的工地例会、专题会议，协调好环保和工程等方面工作。

（5）规划信息沟通渠道，保持工程施工、监理、建设单位和环保部门的信息畅通；进行有效的沟通，使监理和施工单位对合同文件及工程有统一的认识，使工程的建设顺利完成。

（6）按业主批准的环境监理规划实施工程环境监理，每月向业主提交监理月报和其他专题报告，让业主及时全面地掌握工程实施情况。

五、环境监理组织协调的措施

（一）合理分工，降低内部协调工作量

监理人员每月向总监递交本人负责范围内监理月报。监理人员须遵守公司指定的工作守则，并按本公司ISO9001：2000程序进行监理；项目监理机构对监理人员出勤率、综合工作表现采取相应的奖惩措施。

（二）协调主要以会议形式进行

1. 第一次工地例会

会议由环境总监主持，参加人员有业主代表、施工单位的授权代表、项目经理及工程

主要管理人员、设计代表、总监理工程师及监理工程师。进行环境监理工作交底，明确环境监理工作程序和环境监理内容、要求。

2. 环境监理例会

每月召开一次例会，会议内容为：

（1）报告本月的工程环境保护完成情况、存在问题和下月的工作安排。

（2）环境监理工程师对当月环保工作予以评价，指出工程施工中存在的问题、合同履行情况，提出下月监理工作安排。

（3）就有关的其他问题，各方交换意见。

3. 专题会议

会议由业主指定人员或环境总监主持，参加人员有业主代表、项目经理及工程主要管理人员、环境总监及环境监理工程师以及会议邀请的有关专家和各方面的人士。会议内容为对专题性的问题如施工工艺变更、现场协调、档案管理、技术论证、污染事故分析、索赔等进行讨论与研究。

4. 现场协调

现场协调是指由环境保护工作问题产生的交叉干扰问题，调整施工顺序，合理安排施工平面布置，提高施工效率。

5. 工序施工交底会

在工序开工时，对操作人员进行环境保护技术交底，明确各操作步骤。

6. 督促施工单位遵守国家和地方的有关规定进行施工

对环保等部门提出的针对本工程的具体问题，及时督促施工单位采取措施解决，使工程顺利实施。

第二节　环境污染事故概述

在施工过程中特别是生态影响类建设项目中，有时因施工过程不注意等原因会破坏生态环境，产生环境污染事故。作为环境监理单位应该了解什么是环境污染事故，如何界定突发环境事件级别，并熟悉污染事故调查处理程序和方法。

一、环境污染事故定义与分级

（一）环境污染事故的定义

环境污染事故是指由于违反环境保护法律法规的经济、社会活动与行为，以及意外因素的影响或不可抗拒的自然灾害等致使环境受到污染，国家重点保护的野生动植物、自然保护区受到破坏，生态环境受到损害，生态环境安全受到威胁，社会经济与人民财产受到损失，人体健康受到危害，造成不良社会影响的恶性突发事件。环境污染事故可分为水污染事故、大气污染事故、噪声污染事故、固体废物污染事故、放射性污染事故、国家重点保护的野生动植物与自然保护区的破坏事故以及其他生态破坏事故等。

环境污染事故还可分为违法污染事故和意外污染事故。违法污染事故是指由于造成污染事故的单位和个人不遵守国家有关的环保法规而造成污染物高浓度大量集中排放而造成的污染事故。例如：不定期偷排储存待处理的污染物（废水、固体废物等）；未按审批的"三同时"项目标准实施污染防治项目，造成污染防治设施不能正常有效处理污染物而造成污染事故等。意外污染事故是由于难以预料的事故引起的污染事故。这类事故分三种情况：一是因自然灾害；二是因生产事故；三是正常排污引起的非正常影响。例如，某厂达标排放的废水流入河道后被用来灌溉，由于当时上游来水减少，使污染物浓度剧增造成灌溉农田后作物大量死亡或养鱼专业户经济受损，尽管排污单位未违法排污，但仍要承担一定的污染赔偿责任。

（二）突发环境事件的分级

环境污染事故分级的确定主要由三方面的因素确认：一是造成的经济损失折合的金额数值；二是对人体的伤害程度或对环境、生态造成的影响程度；三是捕杀和砍伐国家野生动物和植物的级别。这几方面的因素中有一项或两项达到污染事故等级规定的危害程度，即可认定该事故等级。

根据《突发环境事件信息报告办法》，按照突发事件严重性和紧急程度，突发环境事件分为特别重大（Ⅰ级）、重大（Ⅱ级）、较大（Ⅲ级）和一般（Ⅳ级）四级。

1.特别重大（Ⅰ级）突发环境事件

凡符合下列情形之一的，为特别重大突发环境事件：

（1）因环境污染直接导致10人以上死亡或100人以上中毒的。

（2）因环境污染需疏散、转移群众5万人以上的。

（3）因环境污染造成直接经济损失1亿元以上的。

（4）因环境污染造成区域生态功能丧失或国家重点保护物种灭绝的。

（5）因环境污染造成地市级以上城市集中式饮用水水源地取水中断的。

（6）1、2类放射源失控造成大范围严重辐射污染后果的；核设施发生需要进入场外应急的严重核事故，或事故辐射后果可能影响邻省和境外的，或按照“国际核事件分级（INES）标准”属于3级以上的核事件；我国台湾核设施中发生的按照“国际核事件分级（INES）标准”属于4级以上的核事故；周边国家地区核设施中发生的按照“国际核事件分级（INES）标准”属于4级以上的核事故。

（7）跨国界突发环境事件。

2.重大（Ⅱ级）突发环境事件

凡符合下列情形之一的，为重大突发环境事件：

（1）因环境污染直接导致3人以上10人以下死亡或50人以上100人以下中毒的。

（2）因环境污染需疏散、转移群众1万人以上5万人以下的。

（3）因环境污染造成直接经济损失2000万元以上1亿元以下的。

（4）因环境污染造成区域生态功能部分丧失或国家重点保护野生动植物种群大批死亡的。

（5）因环境污染造成县级城市集中式饮用水水源地取水中断的。

（6）重金属污染或危险化学品生产、贮运、使用过程中发生爆炸、泄漏等事件，或因倾倒、堆放、丢弃、遗撒危险废物等造成的突发环境事件发生在国家重点流域、国家级自然保护区、风景名胜区或居民聚集区、医院、学校等敏感区域的。

（7）1、2类放射源丢失、被盗、失控造成环境影响，或核设施和铀矿冶炼设施发生的达到进入场区应急状态标准的，或进口货物严重辐射超标的事件。

（8）跨省（区、市）界突发环境事件。

3.较大（Ⅲ级）突发环境事件

凡符合下列情形之一的，为较大突发环境事件：

（1）因环境污染直接导致3人以下死亡或10人以上50人以下中毒的。

（2）因环境污染需疏散、转移群众5000人以上1万人以下的。

（3）因环境污染造成直接经济损失500万元以上2000万元以下的。

（4）因环境污染造成国家重点保护的动植物物种受到破坏的。

（5）因环境污染造成乡镇集中式饮用水水源地取水中断的。

（6）3类放射源丢失、被盗或失控，造成环境影响的。

（7）跨地市界突发环境事件。

4．一般（Ⅳ级）突发环境事件 ……………………………………………………………

除特别重大突发环境事件、重大突发环境事件、较大突发环境事件以外的突发环境事件。

二、环境污染事故的确认

《突发环境事件信息报告办法》（自2011年5月1日起施行）规定：突发环境事件发生地设区的市级或者县级人民政府环境保护主管部门在发现或者得知突发环境事件信息后，应当立即进行核实，对突发环境事件的性质和类别做出初步认定。

对初步认定为一般（Ⅳ级）或者较大（Ⅲ级）突发环境事件的，事件发生地设区的市级或者县级人民政府环境保护主管部门应当在4小时内向本级人民政府和上一级人民政府环境保护主管部门报告。

对初步认定为重大（Ⅱ级）或者特别重大（Ⅰ级）突发环境事件的，事件发生地设区的市级或者县级人民政府环境保护主管部门应当在两小时内向本级人民政府和省级人民政府环境保护主管部门报告，同时上报环境保护部。省级人民政府环境保护主管部门接到报告后，应当进行核实并在1小时内报告环境保护部。

突发环境事件处置过程中事件级别发生变化的，应当按照变化后的级别报告信息。

第三节　环境污染事故报告和处理

一、环境污染事故报告与应急措施

作为环境监理人员，在监理过程中若发现突发环境污染事件，应及时报告，同时也应了解相关的应急措施，做好本职工作。

（一）突发环境事件信息报告办法

根据《中华人民共和国环境保护法》（自2015年1月1日起施行）第四十七条规定：“各级人民政府及其有关部门和企业事业单位，应当依照《中华人民共和国突发事件应对法》的规定，做好突发环境事件的风险控制、应急准备、应急处置和事后恢复等工作。县级以上人民政府应当建立环境污染公共监测预警机制，组织制定预警方案；环境受到污染，可能影响公众健康和环境安全时，依法及时公布预警信息，启动应急措施。企业事业单位应当按照国家有关规定制定突发环境事件应急预案，报环境保护主管部门和有关部门备案。在发生或者可能发生突发环境事件时，企业事业单位应当立即采取措施处理，及时通报可能受到危害的单位和居民，并向环境保护主管部门和有关部门报告。突发环境事件应急处置工作结束后，有关人民政府应当立即组织评估事件造成的环境影响和损失，并及时将评估结果向社会公布。”

根据《突发环境事件信息报告办法》（自2011年5月1日起施行）第四条规定：“发生下列一时无法判明等级的突发环境事件，事件发生地设区的市级或者县级人民政府环境保护主管部门应当按照重大（Ⅱ级）或者特别重大（Ⅰ级）突发环境事件的报告程序上报：

（1）对饮用水水源保护区造成或者可能造成影响的；

（2）涉及居民聚居区、学校、医院等敏感区域和敏感人群的；

（3）涉及重金属或者类金属污染的；

（4）有可能产生跨省或者跨国影响的；

（5）因环境污染引发群体性事件，或者社会影响较大的；

（6）地方人民政府环境保护主管部门认为有必要报告的其他突发环境事件。

《突发环境事件信息报告办法》（自2011年5月1日起施行）第十三条规定：“初报应当报告突发环境事件的发生时间、地点、信息来源、事件起因和性质、基本过程、主要污染物和数量、监测数据、人员受害情况、饮用水水源地等环境敏感点受影响情况、事件发展趋势、处置情况、拟采取的措施以及下一步工作建议等初步情况，并提供可能受到突发环境事件影响的环境敏感点的分布示意图。续报应当在初报的基础上，报告有关处置进展情况。处理结果报告应当在初报和续报的基础上，报告处理突发环境事件的措施、过程和结果，突发环境事件潜在或者间接危害以及损失、社会影响、处理后的遗留问题、责任追究等详细情况。”第十四条规定：“突发环境事件信息应当采用传真、网络、邮寄和面呈等方式书面报告；情况紧急时，初报可通过电话报告，但应当及时补充书面报告。书面报告中应当载明突发环境事件报告单位、报告签发人、联系人及联系方式等内容，并尽可能提供地图、图片以及相关的多媒体资料。”更多具体相关规定可参考《突发环境事件信息报告办法》（自2011年5月1日起施行）。

突发环境事件信息报告办法

（二）突发环境事件应急措施

当环境监理人员在施工现场发现或发生环境污染与破坏事故后，特别是出现不利于环境中的污染物扩散、稀释、降解、净化的气象，水文或其他的自然现象，使排入和积累于环境中的污染物大量聚积，达到严重危害人体健康，对居民的生命财产安全形成严重威胁，极易发生重大污染或公害的环境紧急情况时，应对事件做出初步判断，并立即会同有关部门采取措施，消除事故可能或已经造成的危害。

根据《突发环境事件应急管理办法》第三条规定："突发环境事件应急管理工作坚持预防为主、预防与应急相结合的原则。"第二十三条规定："企业事业单位造成或者可能造成突发环境事件时，应当立即启动突发环境事件应急预案，采取切断或者控制污染源以及其他防止危害扩大的必要措施，及时通报可能受到危害的单位和居民，并向事发地县级以上环境保护主管部门报告，接受调查处理。应急处置期间，企业事业单位应当服从统一指挥，全面、准确地提供本单位与应急处置相关的技术资料，协助维护应急现场秩序，保护与突发环境事件相关的各项证据。"第二十六条规定："获知突发环境事件信息后，县级以上地方环境保护主管部门应当立即组织排查污染源，初步查明事件发生的时间、地点、原因、污染物质及数量、周边环境敏感区等情况。"第二十九条规定："突发环境事件的威胁和危害得到控制或者消除后，事发地县级以上地方环境保护主管部门应当根据本级人民政府的统一部署，停止应急处置措施。"应急处置完成后还应做好事后恢复以及信息公开。更多相关信息参考《突发环境事件应急管理办法》（自2015年6月5日起施行）全文。

二、环境污染事故调查处理程序

突发环境事件应急管理办法

这里所说的处理程序主要是指环境行政执法部门的处理程序，项目环境监理机构不具备执法条件，不能直接对环境污染与破坏事故进行查处，只是当在施工期环境监理过程中如有环境污染与破坏事故发生时，应了解调查处理的基本程序，做好相应的本职工作。

环境污染与破坏事故调查与处理程序分为现场污染控制、现场调查和报告、依法处理、结案归档四个步骤。

（一）现场污染控制

发生突发环境事件，必须做到以下几点：①立即采取措施，已发生污染的，立即采取减轻和消除污染的措施，防止污染危害的进一步扩大；尚未发生污染但有污染可能的，立即采取防止措施，杜绝污染事故的发生。②及时通报或疏散可能受到污染危害的单位和居民，使得他们能及时撤出危险地带，避免人身伤亡。③肇事单位应当向当地环境行政执法部门报告，接受调查处理，报告必须及时、准确，不得拒报、谎报、瞒报。

（二）现场调查与报告

根据《突发环境事件调查处理办法》，开展突发环境事件调查，应当对突发环境事件现场进行勘查，并可以采取以下措施：通过取样监测、拍照、录像、制作现场勘查笔录等方法记录现场情况，提取相关证据材料；进入突发环境事件发生单位、突发环境事件涉及的相关单位或者工作场所，调取和复制相关文件、资料、数据、记录等；根据调查需要，对突发环境事件发生单位有关人员、参与应急处置工作的知情人员进行询问，并制作询问笔录。

进行现场勘查、检查或者询问，不得少于两人。突发环境事件发生单位的负责人和有关人员在调查期间应当依法配合调查工作，接受调查组的询问，并如实提供相关文件、资料、数据、记录等。因客观原因确实无法提供的，可以提供相关复印件、复制品或者证明该原件与原物的照片、录像等其他证据，并由有关人员签字确认。现场勘查笔录、检查笔录、询问笔录等，应当由调查人员、勘查现场有关人员、被询问人员签名。开展突发环境事件调查，应当制作调查案卷，并由组织突发环境事件调查的环境保护主管部门归档保存。开展突发环境事件调查，应当在查明突发环境事件基本情况后，编写突发环境事件调查报告。

突发环境事件调查报告应当包括下列内容：①突发环境事件发生单位的概况和突发环境事件发生经过；②突发环境事件造成的人身伤亡、直接经济损失，环境污染和生态破坏的情况；③突发环境事件发生的原因和性质；④突发环境事件发生单位对环境风险的防范、隐患整改和应急处置情况；⑤地方政府和相关部门日常监管和应急处置情况；⑥责任认定和对突发环境事件发生单位、责任人的处理建议；⑦突发环境事件防范和整改措施建议；⑧其他有必要报告的内容。

（三）依法处理

环境污染事故的受理、调查证据收集完成后，即进入审查、决定、处理阶段。审查是环境执法人员对所调查的证据、调查过程、调查意见、处罚建议进行认真的审理。审查结束后，环境执法人员将对突发环境事件依法进行处理，做出决定。

1. 审查人员组成

一般情况下，受理、调查取证阶段与审查、依法处理阶段截然分开，由不同的环境执法人员进行，实行“查处分开”的原则。其中，审查、依法处理多由环境保护行政主管部门的法制管理人员和环境监察部门的负责人负责。

2. 审查内容

审查内容主要是对调查资料、调查处理、调查意见、处罚建议进行书面审理。

重点审查：违法事实是否清楚；证据是否确凿；查处程序是否合法；处理意见是否适当。必要时由调查人员进行补充调查，然后提出处理意见。

3. 确定赔偿金额，提出处理决定

环境执法部门依据调查分析结果，合理确定项目施工过程中突发环境事件给受害单位或个人所造成的经济损失，并下达处理决定，提出具体赔偿金额。

4. 追究环境法律责任，进行行政处罚

根据突发环境事件发生的情节、危害后果（刑事责任除外），环境执法部门依据有关环境法律法规追究造成突发环境事件的单位或个人的法律责任，进行行政处罚，并提出杜绝和避免类似事故再次发生的措施和要求。

5. 送达与执行

环境保护行政与执法部门依法对环境污染事故做出的环境处理决定或行政处罚决定应由环境执法人员及时将决定书送达当事人或被处罚人。决定书送达当事人或被处罚人之后，依法产生法律效力，进入执行阶段。

（四）结案归档

环境行政执法部门将受理的环境污染和生态破坏事故全部资料及时进行整理，装订成卷，按一事一卷要求，填写《查处环境污染事故终结报告书》，存档备查。

三、环境监理单位应对环境污染事故工作内容

一般地，环境监理单位应对环境污染事故的工作程序如图4-2所示。

此外，为了妥善处理环境污染事故，环境监理单位还应注意做好以下事项：

（一）建立应急预案，堵塞事故发生漏洞

环境监理单位及其环境监理工程师在施工期环境监理过程中，应对易发生污染事故的单位、设备、工艺、原材料、排放、周边环境状况做到心中有数，增加对关注点的巡检次数，经常在工地例会上通报有关检查情况，及时发现隐患，堵塞事故发生漏洞。要求项目业主和承建单位商建立应急预案，万一发生环境污染和破坏事故应有必要的应急措施，防止手忙脚乱和事态变化。督促建设单位落实环境风险防控措施，储备应急物资和对制定的应急预案进行演练。如有可能，应与相关单位签订可能发生的污染事故现场处理委托合

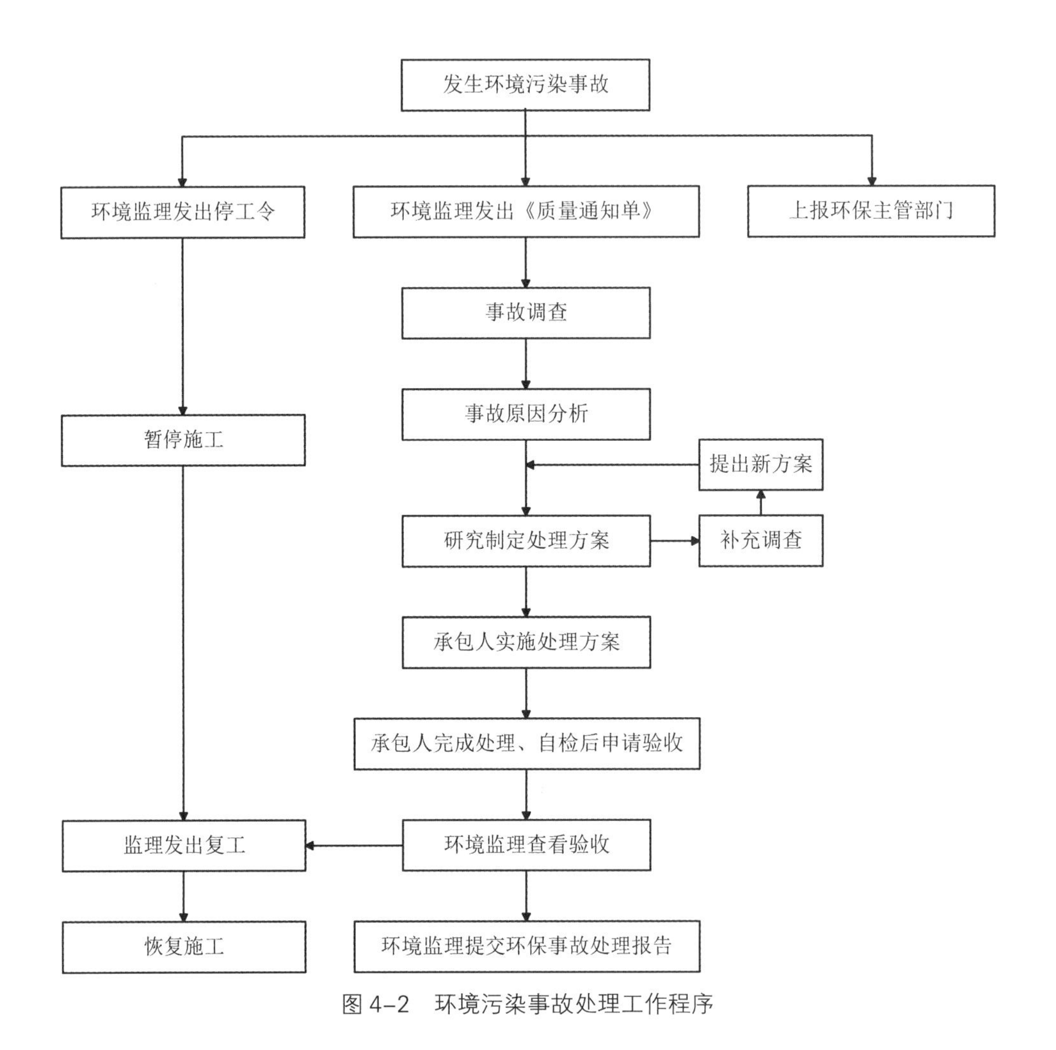

图 4-2　环境污染事故处理工作程序

同。例如，某项目码头区事故主要环境风险为港区范围内码头、水上船舶意外引起的溢油（燃料油）污染事故风险。建设单位为了应对可能发生的溢油污染事故，与某环保服务公司签订了溢油事故现场应急处理合同。

（二）建立通畅、快速、有效的事故报告渠道

在建设合同中应有环境保护责任的条款内容，在施工管理组织中应有环保工作负责人，应有明确的工作职责范围。平时在施工中一旦发现污染事故，施工单位发生的事故应由谁负责，项目业主方面发生的问题应该找谁联系，当地环境保护部门的主要负责人、通信方式等，以及应采取的措施等，环境监理人员（对上述事项）都应当掌握。当发生突发事故需要由项目监理机构报告的，环境监理人员应做到及时、快速、准确报告环境污染和破坏事故。

（三）注意采取应急措施的同时，配合环保部门做好调查、监测、取证工作

环保行政执法人员不可能像项目环境监理机构的环境监理人员一样长期派驻施工现场，当发生环境污染和破坏事故后，为了对事故进行处理需要作调查、监测、取证等工作，除了当事人外，现场环境监理人员也是一个重要部分。环境监理人员应当了解与之相应的程序、规范，配合环保执法人员以便使调查、取证过程合法，资料真实可靠。

（四）进行必要的人员培训，熟悉和掌握避险知识和方法

在有条件或有必要的地方，应对项目建设单位、承包商、当地公众及有关人员进行有关知识培训，如有毒、有害、易燃易爆、具有放射性的物品的保管、运输、储存和使用应注意的事项等。

第四节　环境污染纠纷概述

一、环境污染纠纷的概念

环境污染纠纷是指因环境污染引起的单位之间、单位与个人之间、个人与个人之间的矛盾和冲突。环境污染纠纷的主要性质是一种民事权纠纷，在一般污染事件和污染事故中，只要污染存在民事侵权行为，都可能产生环境污染纠纷。这种纠纷通常都是由于单位或个人在利用环境和资源过程中违反环保法律规定，污染和破坏环境、侵犯他人的合法权益而产生的。环境污染纠纷一般可以通过协商的方式予以疏导，化解矛盾，妥善解决。但是，企业单位内部引起的环境污染纠纷问题不能称为环境污染纠纷，是属于企事业单位内部劳动保护问题，应由劳动法调整。要构成污染纠纷，还应有污染物、污染源、防治管理标准、影响、危害等定量条件。

二、处理环境污染纠纷的基本原则与途径

（一）处理原则

（1）认真调查，及时处理。在施工现场发生污染纠纷时，环境监理单位和环境监理工程师应积极协助当地环境保护行政主管部门进行调查处理，但不是调查处理的主体，不能越位处理。

（2）处理污染纠纷以协调为主，防止事态扩大和矛盾激化。为使协调成功，要做好双方的工作，互谅互让。

（3）实事求是，注重证据。环境污染纠纷一旦发生，环境部门的环境监察人员就要进行全面综合调查，查明事实真相。环境监理人员应该站在公正的立场上如实反映自己所了解到的情况，尊重科学技术，防止主观臆断和避免片面性。

（4）要兼顾国家、集体、个人三方利益，既要重视对污染受害人的经济赔偿，又要重视对污染的治理，排除污染危害，保护环境、减少污染危害是最终目的。

（5）对情况比较复杂的污染纠纷，跨地区、跨流域、涉及面广的污染纠纷要尽量依靠环境保护行政主管部门去进行协调处理，项目环境监理机构和环境监理人员只要做好必要的配合工作即可。

（二）解决途径

1.双方当事人自行协商解决

因环境污染产生纠纷，一般都是由受害者先向排污单位反映，要求治理和加强管理，给予解决。此时由污染纠纷双方或有关单位、居民代表参加，经过协商可使纠纷得到缓解和正确处理。

2.环境执法行政机关调解处理

双方协商，长期不能缓解矛盾，而污染纠纷又通过信访反映到环境行政主管部门和有关部门，由环保部门邀请有关单位和矛盾双方进行座谈予以协调。

3.司法处理

当事人不服行政调处，或矛盾已经发展到公私财产与人身权益受到严重危害，就要按司法程序解决矛盾，由人民法院按民事诉讼程序处理污染纠纷案件。司法处理可以是当事人向人民法院起诉，也可以由环境保护部门提请人民法院进行处理。

4.通过仲裁程序解决

仲裁程序只适用于涉外性的污染赔偿案件，不适用于一般污染损害赔偿案件。

三、环境污染纠纷调查处理程序

环境监察机构对于环境污染纠纷的调处也要依据一定的程序进行，以便调处过程合法，并使纠纷得到有效解决。污染纠纷的调处程序是：

等级审查→立案受理→调查取证和鉴定→审理→结案→立卷归档

建设项目环境监理机构及其环境监理工程师不是环境污染事故或环境污染纠纷执法和

调处的行为主体，不具备执法权。当环境行政执法部门要求协助调查时只是配合工作，这一点是和工程监理中的工期索赔、费用索赔完全不同的。对于环境污染纠纷的经济赔偿金额是由环境行政执法部门依法确认，下达调处决定或处罚决定书交给当事人或被处罚人执行，无须环境监理总工程师确认。但为了做好污染纠纷调查的配合工作，环境监理单位及其环境监理人员对其处理程序中“登记审查”和“立案受理”有关的内容应当有所了解。

（一）对登记审查应了解的内容

环境监察机构调处环境污染纠纷是以当事人的请求为前提的。当环境监察人员在接到当事人书面或口头申请时，应先接受登记，接受人大、政协有关环境污染或生态破坏的提案。群众的污染举报，环保部门承接的来信来访要进行登记。对于当事人书面或口头申请，不管是否有权管辖，反映的情况是否属实，是否符合受理立案的条件，都应认真登记备案，然后对是否立案进行审查，审查内容包括：管辖权审查、时效审查、审查有无具体的请求事项和事实依据。

（二）对立案受理应了解的内容

环境行政执法部门是否立案受理最迟应在接到申请之日起7日内做出决定。对不符合受理条件的，环境行政执法部门应告知当事人其他解决问题的途径。对符合立案受理条件的，正式立案受理。环境行政执法部门发出受理通知书，同时将受理通知书副本送达被申请人，要求其提出答辩，不答辩的，不影响调处。在有些情况下，即使当地环保部门有管辖权，也不应受理的是：①人民法院已经受理的环境污染纠纷；②其他有管辖权的部门已经受理的重大环境污染纠纷；③下级环境行政执法机关已经受理的辖区内的环境污染纠纷；④上级环境行政执法机关或人民政府已经受理的重大环境污染纠纷；⑤行为主体无法确定的环境污染纠纷；⑥因时过境迁，证据无法搜集，也不可能搜集到的环境污染纠纷；⑦超过法定期限的污染纠纷。

四、解决污染损失赔偿注意事项

（一）环境污染赔偿的构成要件

根据环境污染损害赔偿的法律、法规，构成环境污染损害赔偿的要件有三条：

（1）意识行为实施了排污，即有行为把污染物排入环境。

（2）引起环境污染并产生了污染危害后果，即造成财产损失和造成人身伤害或死亡。

（3）排污行为与危害后果之间有因果关系。

具备了以上三条，排污单位就必须赔偿受害者由于污染危害造成的一切损失。需要说明的是：排污行为与危害后果之间的因果关系变化的以下几种情况，排污单位不负赔偿责任：

第一种情况是由于不可抗拒的自然灾害如地震、海啸、台风、山洪等。尽管已经采取了力所能及的合理措施，仍然无法避免发生环境污染，并造成损失，免除污染者承担污染责任和赔偿责任。

第二种情况是由于第三者的过错引起污染损失的，应由第三者承担责任。

第三种情况是由于受害者自身的过错引起污染损害的，由受害者自己承担责任。

在排污行为与危害后果之间的因果关系上，有时还会出现双方构成混合责任的情况。若是受害人对于损害的发生有时也有过错的可以减轻侵害的责任，双方可根据各自过错的大小，承担各自赔偿责任。

（二）环境污染纠纷赔偿金额的确定方法

损害赔偿金额一般应包括：受害者遭受的全部损失；受害者为消除污染和破坏实际支付和应支付的费用；受害者因污染损害而丧失的正常效益。环境污染赔偿金额的确定经常采用以下几种方法和原则：

（1）考虑当事人经济能力的原则。根据民事损害赔偿的原则，在处理损害赔偿案件时，既要坚持完全赔偿原则，也要考虑当事人的经济能力，实行完全赔偿与考虑当事人经济能力相结合的原则，酌情确定赔偿金额。

（2）直接计算法。首先确定受污染损害的范围和项目，然后确定污染浓度与受害时的时效关系，最后用货币进行经济评估。

（3）环境效益代替法。某一环境单位受污染后，完全丧失了功能，其损失费用可以借助能提供相同环境效益的工程来代替，这个方法也称“影子工程法”。

（4）预防费用法。即为防止污染采取保护和消除污染设施而支付的费用。

因环境污染造成损害而进行赔偿，经常遇到的是厂矿企业排放污染物造成对农、林、牧、渔业及人体健康危害，因此在具体确定金额时，首先应实地勘察污染受害面积、受害物的种类数量，以及它们正常年景的平均产量，然后按当年的合理价格计算应赔偿的基本金额。同时还应考虑受污染危害者根治污染、减轻污染危害等所需人工、材料等金额，即治理污染的补偿金额。

厂矿企业因污染环境而使群众身体健康受到危害时，应尽赔偿责任，其赔偿金额应包括：受害人的医院检查、确诊费用；恢复健康而耗费的医疗费用；因检查和治疗误工费用；转院治疗的费用、宿费；陪护误工费；因环境污染而致残、致畸或丧失劳动能力则应承担生活费用；如受害人丧失生活能力，经医院证明需长期有人照顾，还要按照国家有关规定承担陪护人的生活费用；同时还应考虑受害人提出的其他合理的赔偿要求。

本章小结

本章重点内容讲解

本章主要介绍了环境监理工作中的组织协调内容、方法和措施，环境污染事故的认定、报告、处理方法和程序，以及环境污染纠纷调查处理程序与方法等内容。环境监理的组织协调包括环境监理机构内部的人际关系、组织关系和需求关系的协调，以及环境监理机构外部的协调，包括与业主的协调、与承包商的协调、与设计单位的协调、与政府环保部门的配合、与相关专业监理单位的协调、与公众的协调等。协调主要以会议的形式开展。本章还介绍了污染事故定义与分类、环境污染事故的确认方法、环境污染事故报告和处理流程等。环境污染与破坏事故调查与处理程序分为：现场污染控制、现场调查和报告、依法处理、结案归档四个步骤。环境监理人员在监理过程中若发现突发环境污染事件或者环境污染事故，应及时报告，同时也应了解相关的应急措施，做好本职工作。最后，本章还介绍了环境污染纠纷的概念、处理环境污染纠纷的基本原则与途径、环境污染纠纷调查处理程序、环境污染赔偿的构成要件、环境污染纠纷赔偿金额的确定方法等。环境污染纠纷是指因环境污染引起的单位之间、单位与个人之间、个人与个人之间的矛盾和冲突。环境监理单位和环境监理工程师应积极协助当地环境保护行政主管部门进行业主单位环境污染纠纷调查处理，但不是调查处理的主体，不能越位处理。

复习思考题

1. 组织协调的含义是什么？作用有哪些？
2. 环境监理单位组织内部协调的内容是什么？
3. 项目环境监理组织与工程建设其他组织之间的协调都包括哪些方面？
4. 工程环境监理组织协调的措施有哪些？
5. 对污染事故有调查处理权的政府部门，其管辖范围是如何确定的？
6. 对环境污染事故进行现场调查的主要内容是什么？
7. 处理污染纠纷的原则和途径分别有哪些？
8. 环境污染赔偿金额的确定常采用哪些方法和原则？
9. 违法污染事故和意外污染事故是如何鉴定的？

10. 根据我国现行的法律规定，一般环境污染纠纷的解决途径不包括（ ）。

A. 协商 B. 调解 C. 仲裁 D. 诉讼

11. 环境污染纠纷调查处理程序是：登记审查→立案受理→（ ）→审理→结案→立卷归档。

A. 调查取证和鉴定 B. 管辖权审查 C. 时效性审查 D. 证据划分

12. 根据环境污染损失赔偿的法律法规规定，构成环境污染损害赔偿的要件有三条，其中不包括（ ）。

A. 意识行为实施了排污，即有行为把污染物排入环境

B. 直接证据和间接证据

C. 引起环境污染并产生了严重污染危害后果，即造成了财产损失和人身伤害或死亡

D. 排污行为与危害后果之间有因果关系

第五章 环境监理文件编制与管理

第一节 环境监理方案编制

一、环境监理方案概述

环境监理方案是指导建设项目组织全面开展环境监理工作的纲领性文件。编制项目环境监理方案是工程建设项目实施环境监理的重要步骤，对做好建设项目环境监理工作有着极其重要的作用。

环境监理方案的编制应针对项目的实际情况，明确项目环境监理机构的工作目标，确定具体的环境监理工作制度、程序、方法和措施，并应具有可操作性。环境监理方案具有如下重要意义。

（一）环境监理方案是项目环境监理机构全面开展工作的纲领性文件

环境监理方案的基本作用就是指导项目环境监理机构全面开展环境监理工作。环境监理的中心目的就是协助业主实现建设工程环境保护目标。因此，监理方案需要统揽全局，对项目环境监理机构开展的各项环境监理工作作出全面、系统的组织和安排，它包括确定环境监理工作任务，制定环境监理工作程序，确定未实现环境保护目标，合同管理、信息管理、组织协调等各项措施的方法和手段。

（二）环境监理方案是环境保护主管部门对环境监理单位监督管理的依据

政府环境保护主管部门对环境监理单位要实施监督、管理和指导，对其人员素质、专业配套和建设项目环境监理业绩要进行核查和考评以确认其资质和资质等级，以使整个环境监理行业能够达到应有的水平。政府环境保护行政主管部门对环境监理单位进行考核时，首先是对监理方案的检查。环境监理方案是环境保护行政主管部门监督、管理和指导环境监理单位开展监理活动的重要依据。

（三）环境监理方案是业主确认环境监理单位履行合同的主要依据

环境监理单位如何履行监理合同，如何落实业主委托环境监理单位所承担的环境监理工作，作为环境监理的委托方，业主要了解和确认环境监理单位的工作。环境监理方案是业主了解和确认环境监理工作的直接技术文件，是业主确认环境监理单位是否履行环境监理合同的主要说明性文件。环境监理方案应当能够全面而详细地为业主监督环境监理合同的履行提供依据。

（四）环境监理方案是环境监理单位内部考核依据和重要存档资料

从环境监理单位内部管理制度化、规范化、科学化的要求出发，需要对各项目环境监理机构的工作进行考核，其主要依据是内部主管项目负责人监督各方工作人员是否按照环境监理方案如期开展环境监理工作。此外，环境监理方案的内容必然随着工程的进展而逐步调整、补充和完善，它在一定程度上真实反映了建设工程环境监理工作的全貌，也是环境监理工作过程的记录。

二、环境监理方案的编制要求

环境监理方案应由总环境监理工程师组织编制，编制人员应包括环境监理单位的经营部门和技术部门。总环境监理工程师组织编制环境监理方案有利于项目更好地开展环境监理工作。环境监理方案编制应遵循以下原则。

（一）环境监理方案的编制要遵循环境保护技术原则

环境监理工作的实施是一种过程，这种过程的重点是有效地控制和预防项目建设每个阶段对环境的影响。环境监理方案的编制必须坚持可持续发展战略和循环经济理念，严格遵守国家的有关法律、法规和政策，做到科学、公正和实用，并应遵循以下基本技术原则：

（1）与建设项目的环境影响评价、环评批复一致，并与建设项目的特点相符合；

（2）确保建设项目符合国家的产业政策、环保政策和有关的法律、法规；

（3）确保建设项目调整布局合理，符合流域和区域功能规划、生态保护规划和城市发展总体规划；

（4）确保建设项目符合清洁生产的原则；

（5）确保建设项目符合国家有关生物多样性等生态保护的法规和政策；

（6）确保建设项目符合国家资源综合利用的政策；

（7）确保建设项目符合国家土地利用的政策；

（8）确保建设项目符合国家和地方的总量控制的要求；

（9）确保建设项目环境敏感目标得到有效保护，不利环境影响最小化；

（10）确保建设项目环境保护措施、技术经济可行。

（二）环境监理方案的基本构成内容应当力求统一

环境监理方案基本内容的确定，必须涵盖项目建设各个阶段环境监理的内容。建设项目环境监理的主要内容包括：项目施工图设计文件环保检查；施工期环境保护达标监理、生态保护措施监理、环保措施监理；试运行期间环保设施运行、污染物排放达标和风险防范措施落实等方面的环境监理。为了保证环境监理主要内容的实施，环境监理方案应该包括整个环境监理工作的组织、控制、方法、措施等。

（三）环境监理方案的具体内容应有针对性

环境监理方案基本构成内容应当统一，但各项具体内容则要有针对性。不同的环境监理单位和不同的环境监理工程师在编写环境监理方案的具体内容时必然会体现出自己鲜明的特色，编制出具有不同特点的环境监理方案。

（四）环境监理方案应当遵循建设工程的运行规律

环境监理方案是针对一个具体建设工程编写的，而不同的工程具有不同的工程特点、工程条件和运行方式。这也决定了建设项目环境监理方案必然与工程运行客观规律具有一致性，必须把握建设项目工程运行脉搏、遵循建设工程运行规律。只有把握建设项目工程运行的客观规律，环境监理方案的运行才是有效的，这项工程的环境监理才能有效的实施。

（五）项目总环境监理工程师是制定监理方案的主持人

项目总环境监理工程师应该组织该项目环境监理方案的编写制定，这是建设项目实施项目总环境监理工程师负责制的必然要求。当然，编制好建设项目环境监理方案还要充分调动整个项目环境监理机构中各专业环境监理工程师的积极性，广泛征求他们的意见和建议，并吸收其中水平较高的专业环境监理工程师共同参加编写。

（六）环境监理方案的表达方式应当格式化、标准化

现代科学管理应当讲究效率、效能和效益，其表现之一就是使控制活动的表达方式格式化、标准化，从而使控制的方案显得更明确、更简洁、更直观。因此，需要选择最有效

的方式和方法来表示环境监理方案的各项内容。比较而言，图、表和简单的文字说明应当是被采用的基本方法。

（七）环境监理方案应该经过审批和审查

环境监理方案在编写完成后须进行审核并经批准。环境监理单位的技术主管部门是内部审核单位，其负责人应当签认。如实施该项目环境监理工作，环境监理单位应在环境保护主管部门的监督下，组织专家组对环境监理方案进行审查，审查通过后的监理方案方可用于该项目的环境监理工作中。

三、环境监理方案的内容

在实际的环境监理过程中，通常提到的环境监理方案根据不同的时间和用途一般可以分为环境监理初步方案和环境监理实施方案（也称环境监理规划）。环境监理初步方案往往是在项目投标阶段编制，环境监理单位根据项目招标单位提供的环境影响评价报告书，在现场勘查的基础上，针对项目特点制定出环境监理的初步方案，供项目招标单位参考。环境监理初步方案的好坏往往关系到承揽环境监理业务的成败。环境监理实施方案是环境监理单位与业主签订委托环境监理合同之后，在项目总监理工程师主持下，根据环境监理的初步方案，结合工程的具体情况制定出的。它的内容翔实全面、可操作性强。环境监理实施方案基本内容的框架和环境监理初步方案相似，一般可以增加环境监理各阶段的具体工作内容和工作计划安排，以及对工程项目的建议和环境监理实施的要求等内容。

环境监理方案案例

环境监理方案一般包括以下内容：总则、建设项目概况、环境监理范围、环境监理工作内容、环境监理工作目标、项目环境监理机构和人员职责、环境监理工作程序、环境监理工作方法及措施、环境监理工作制度、环境监理设施和监测管理、环境监理组织协调、环境监理工作要点、环境风险防范措施、环境监理用表、环境监理工作成果等。

（一）总则

总则包括工作由来、工作依据、项目环评及其批复要求等。

（二）建设项目概况

建设项目概况主要内容包括建设项目名称、建设项目地点及建设项目的主体工程、辅助工程、公用工程、环保工程、办公室和生活设施、储运工程及建设项目原辅材料消耗情况等。

（三）环境监理范围

根据环评报告书的影响预测结果，科学确定环境监理范围，包括工程所在区域及工程影响区域。

（四）环境监理工作内容

根据项目特点、项目环评及批复要求，按时间顺序概括性地说明从环境监理单位进场到项目竣工环保验收过程中的环境监理工作内容，包括设计阶段环境监理、施工阶段环境监理和试运行阶段环境监理工作。在不同行业的环境监理中，要结合行业的特点，突出该行业的环境监理重点。

（五）环境监理工作目标

环境监理工作目标主要体现在：确保环境影响报告中的环保要求得到落实；结合工程实际情况，协助业主进行环境管理，宣传环保知识，增强环保意识；监督施工单位采取有效的措施将施工活动对环境的不利影响控制在可接受的范围内，提高环保工作水平，同时维护施工单位的权益；形成丰富完整的监理工作资料，真实反映工作过程，为工程的环保验收提供依据。

（六）项目环境监理机构和人员职责

（1）环境监理机构的组成。为确保建设项目环境监理工作目标及内容顺利、高质量地完成，针对建设项目的技术特点，实行总环境监理工程师负责制（技术负责人），成立项目环境监理部，由总环境监理工程师主持建设项目的全面环境监理工作。派驻现场的人员全部参加有组织的环境监理人员岗前培训，并参与过多个工程项目的环境监理工作。

（2）根据建设项目设计、土建施工、设备安装、竣工验收及试运行等阶段的进度实施情况，预测现场环境监理工作量及工作内容，配备不同专业的环境监理工程师及环境监理员，制定环境监理机构人员配备计划。

（3）环境监理人员的岗位职责。包括环境监理人员的要求、总环境监理工程师职责、环境监理工程师职责、环境监理员职责、文员职责及环境监理人员守则。

（七）环境监理工作程序

环境监理工作程序比较简单明了的表达方式，如图5-1所示。

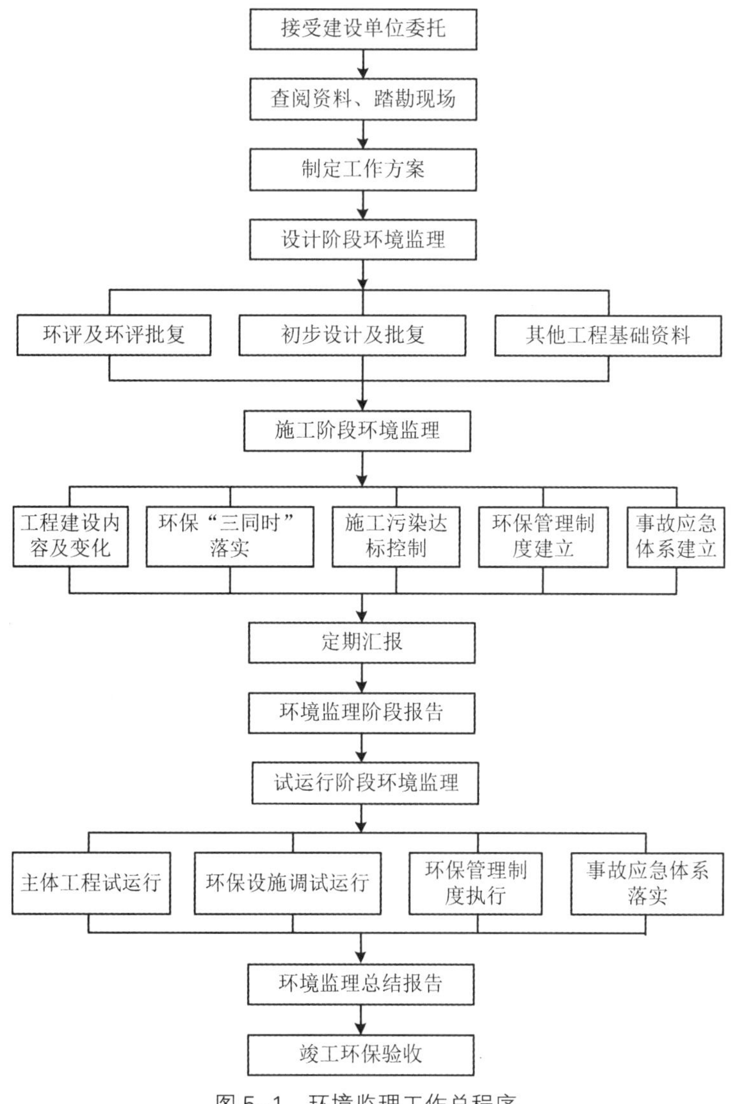

图 5-1　环境监理工作总程序

（八）环境监理工作方法及措施

环境监理的工作方法主要有巡视、旁站、检查、监测、召开环境例会、记录与报告、下发环境监理整改通知单（业务联系单）等。具体工作方法应包括：①现场巡视检查；②信息管理；③召开工地例会，记录环境管理日志和环境监理月报与档案；④发布指令文件；⑤技术文件审批；⑥协调管理；⑦环境预测控制方法。

（九）环境监理工作制度

环境监理工作制度主要包括：①设计文件、图纸审查制度；②环境监理工作记录制度；③人员培训制度；④报告制度；⑤函件往来制度；⑥环境监理例会制度；⑦环境监理工作纪律。

（十）环境监理设施和监测管理

业主应提供满足环境监理工作需要的设施，具体包括：①办公设施；②交通设施；③通信设施；④生活设施。

同时，根据建设项目特点，环境监理单位应为项目环境监理部现场配备必要的测量，取样的仪器及设备，如测距仪、水准仪、经纬仪等。此外，环境监理单位制定针对本项目施工期的水、气、声、固的各项污染指标的环保达标监测计划和采样布点方案。

（十一）环境监理组织协调

为了顺利开展环境监理工作，环境单位要协调好工程参建各方的关系，其中主要包括环境监理结构内部、施工单位与施工单位、建设单位与施工单位、施工单位与设计单位的关系等。同时给出协调的基本原则和框架等内容。

（十二）环境监理工作要点

根据项目特点、环评及批复要求，详细说明本项目环境监理过程中的关注点和应达到的监理要求，指出环境影响的重点工程及关键部位的环保措施等。

（十三）环境风险防范措施

严格审查工程施工方案设计文件，对其中可能存在环境风险隐患的施工工艺、组织计划提出必要的改进要求，并督促、核实其落实情况。在承包合同中，增加环境风险事故追责条款。在施工阶段，建立环境风险事故责任制，配合业主方、工程监理方，结合环境风险防范要求，建立完善的安全施工管理制度，加强安全、文明施工的宣传和教育，确保其落实到施工的每一个环节，制定施工过程环境风险防范注意事项，有关人员必须严格按要求进行操作。

（十四）环境监理用表

根据业主的具体要求、承包商的意见和工程方的协调，制定建设项目环境监理表格，表格目录清单如下：表1环境监理业务联系单；表2环境监理整改通知单；表3环境监理工程师通知回复单；表4环境监理日志；表5环保工程设计变更申请单；表6污染物排放审批单；表7工程污染事故报告单；表8工程污染事故处理方案报审单；表9污染防治设施工程验收单。

（十五）环境监理工作成果

明确项目在申请试运行、环保竣工验收时，环境监理单位应提交的环境监理阶段性报告、环境监理总结报告等工作成果。

第二节　环境监理报告编制

一、环境监理实施细则

环境监理实施细则又称环境监理细则，其较监理方案更加细化，是在环境监理实施方案的基础上，由环境监理对方案中宏观的工作内容、程序进行细节上的规定，同时根据项目建设过程中的具体子项目工程或工序的环境保护要求对具体环境监理内容进行明确，最后经总监理工程师批准实施的可操作文件。环境监理实施细则的作用是对整体环境监理工作的实施进行细节规定，同时指导子项目工程或工序环境监理具体工作的开展。

环境监理实施细则一般包括以下内容：

（1）总则。包括工作由来、工作依据、项目环评及批复要求等。

（2）环境监理工作目标和范围。介绍环境监理工作预计达到的目标，结合项目特点，明确环境监理工作范围。

（3）环境监理工作内容。按设计阶段、施工阶段和试运行阶段，分类说明每个阶段环境监理的具体工作内容。

（4）环境监理工作方法。按项目的具体施工工序和分项工程内容，说明环境监理实际开展所采用的工作方式。

（5）环境监理对问题的处理。对环境监理过程可能遇到的问题进行总结分类，详细介绍环境监理对于各类问题的具体处理程序，如一般环保问题、重大环保问题。

（6）环境监理工作制度及操作细则。介绍环境监理实际采用的工作制度，如报告制度、环境监理会议制度、环境监理文件存档制度等。详细介绍环境监理制度的操作细则，如来往函件中工作联系单、工作通知单、停工令、复工令等的操作，发现设计问题、设计变更的处理流程，环境监理会议的开展细则等。

（7）环境监理组织机构及职责。明确环境监理工作参与人员，并说明环境监理机构的组织架构、工作人员应履行的职责分工、环境监理人员的守则。

（8）某工序或分项工程环境监理实施细则。根据工序或分项工程的特点，详细说明存在的环境问题，该工序或分项工程的环境监理工作程序、工作方式，环境监理过程中的关注点及应达到的监理要求。

二、环境监理定期报告和会议纪要

（一）环境监理定期报告

环境监理单位应根据工作进度，定期编制监理工作月报、季报、年报等定期报告提交至建设单位。

1. 报告内容

环境监理定期报告的主要内容如下：

（1）工程概况；

（2）环境保护执行情况；

（3）主体工程、环保工程进展；

（4）施工营地、工程环保措施落实情况；

（5）环境事故隐患和环保事故；

（6）存在的主要问题及建议。

2. 报告要求

编写环境定期报告的主要要求如下：

（1）环境监理人员应及时收集并记录工程实际产生的一切信息和数据，科学地应用统计技术，通过分析，确保数据可靠性，体现定期报告的科学化和专业化，保持环境监理信息的适时性、真实性、准确性，保证监理工作的质量。

（2）环境监理定期报告编写要求层次分明、语言简洁、重点突出、宜采用定型图表，使报告直观、简单易懂。定期报告编写的内容要完整有效，实现标准化、规范化。

（3）环境监理定期报告编写应做到有分析、有比较、有措施建议。

（4）环境监理报告编写要注意对提出的问题前后呼应，要有追溯性、无漏洞。

（二）环境监理会议纪要

环境监理会议是项目监理机构进行工程管理与协调的重要方式及手段。监理会议纪要则是工程监理过程中的重要文件之一，其记录及议决事项对有关工程参与方具有约束力。会议纪要一般均作为合同文件的组成部分之一，是处理工程争议与索赔事件的重要资料和证明文件。会议纪要的编写基本要求如下：

（1）会议纪要应在会后由总监理工程师指定的监理人员及时编写并打印成稿，经总监理工程师审核、签字后，发送至各有关单位。

（2）会议纪要首页应注明：会议时间与地点，会议组织单位与主持方，会议议题等。

（3）会议议题应做到内容真实、文字简洁、语言朴实、用词准确。

（4）可在下期例会上对本期会议纪要的文稿进行确认与补遗。

（5）项目监理机构应有专门的记录本记录会议内容。

三、环境监理的阶段性报告

环境监理阶段性报告案例

一般在建设项目的施工期结束后，建设项目向有关部门申请试运行（生产）前，环境监理单位编制该建设项目的环境监理阶段性报告，供业主和上级环保部门审查。环境监理阶段性报告一般包括以下内容：

（1）总论。包括项目由来、编制依据、环境监理概述、功能区划与环境标准、主要环境保护目标、环评及批复要求落实的污染防治措施等。

（2）建设项目概况。包括项目的建设概况、总平面布置、项目进度、项目设备安装符合性、环评及批复内容符合性、实施情况小结等。

（3）项目环保及生态保护配套措施落实情况。包括建设项目施工期环保措施落实情况说明、生态保护措施落实情况说明、项目运营期污染防治及生态保护措施说明、实施情况小结等。

（4）环境风险防控措施落实情况。包括应急预案的编制情况说明、应急物资的配备说明、事故应急池配备说明、应急组织机构设置说明、应急培训及应急演练说明、实施情况小结等。

（5）项目建设期环境保护整改内容。总结说明现阶段该项目建设过程中环境监理单位针对相关环保问题提出的所有整改要求，以及建设单位对整改要求做出的相关整改和回应。

（6）环评及批复意见落实情况。总结现阶段建设项目落实该项目的环境影响评价及环保主管部门对其批复意见的相关情况。

（7）总结及建议。总结建设项目现阶段环境保护相关工作的开展和落实情况，给出今后工作的相关建议和整改方案等。

四、环境监理总结报告

环境监理总结报告案例

环境监理工作结束后，环境监理单位应向建设单位提交环境监理工作总结报告。报告应在项目总监理工程师的主持下编写，全面总结建设项目环境监理成果，反映建设项目在设计、施工、试运行期间作为建设项目环保竣工验收的必要条件，报送环保行政主管部门备案。

环境监理总结报告一般包括以下内容：

（一）项目概况

（1）项目建设背景。介绍建设项目的建设背景，环境影响评价报告书编制时间、审批部门、审批时间以及报告书批复文号。

（2）项目建设基本情况。主要介绍项目工程位置、任务、规模、开工时间、完工时间，工程的设计单位、施工单位和工程监理单位。

（3）项目环评中的功能区划与环境标准。主要介绍环境功能区划、环境质量标准和污染物排放标准。

（4）项目周边环境概况。描述项目周围环境敏感点情况。

（5）环评及批复要求落实的污染防治措施。

（二）项目建设情况

介绍项目主要建设内容、平面布置、生产设备、项目工艺流程及试运行情况等。

（三）环保投资

对照环评文件各项环保投资概算，列表给出环保投资完成情况。

（四）工程主要环境影响

（1）水环境影响；

（2）环境空气影响；

（3）声环境影响；

（4）固体废弃物环境影响；

（5）陆生生态环境影响；

（6）水生生态环境影响；

（7）社会环境与景观影响；

（8）其他环境影响。

（五）环境监理开展情况

（1）环境监理工作依据；

（2）环境监理组织机构；

（3）环境监理范围和工作内容；

（4）环境监理工作程序；

（5）环境监理环境管理体系；

（6）环境监理工作方式及方法；

（7）大事记。

（六）环境监理工作成果

（1）环保措施落实情况。主要介绍环评及其批复意见中污（废）水、废气、噪声、固废处理措施落实情况，应急措施落实情况以及其他环保措施落实情况。

（2）生态保护措施的落实情况。主要介绍环评及其批复意见中关于施工期和营运期生态保护相关措施的落实情况。

（3）环境污染事故的处理。

（4）其他环境监理工作成果。

（七）环境监理经验、结论与建议

总结存在的问题、经验和局限性，得出项目建设情况结论及“三同时”落实情况结论，给出建议。

（八）其他

其他包括附件、图表和影像资料。

第三节　环境监理文件管理

一、环境监理文件分类与编码

（一）环境监理文件分类

环境监理文件资料应包括下列内容：①委托监理合同；②环境监理方案、环境监理细则；③施工单位《施工环境保护方案》及审查意见；④与工程监理单位、建设单位的往来函件；⑤环境监理日志、巡视及旁站记录；⑥环境监理各类会议纪要；⑦环境监理定期报告（月报、季报、年报）和专题报告；⑧环境监测报告；⑨环境监理的工作联系单、监理通知及回复单、工程停工令及复工审批资料；⑩关于环境事故隐患、问题的报告,处理意见及整改落实情况报告等有关文件,工程竣工记录；⑪环境监理阶段性报告、环境监理总结报告。

1. 环境监理报价与合同文件

环境监理报价文件参考《建设工程监理与相关服务收费管理规定》及相关咨询服务内收费文件的要求，结合监理工作具体工作内容和工作量进行核算制定。工程项目建设单位委托有资质的单位开展环境监理工作，应签订环境监理合同，约定双方工作的责任和权利，并报审批该项目环评文件的环保部门审核备案。

2. 环境监理方案（环境监理初步方案）

在环境监理前期准备阶段，特别是在业主进行监理招标过程中，环境监理单位应收集资料、勘探现场并编制环境监理初步方案。

3. 环境监理实施方案（环境监理规划）

在环境监理单位接受业主委托并签订委托监理合同之后，由该项目的总环境监理工程师领导制定内容翔实全面的总体环境监理实施方案。环境监理实施方案是全面开展环境监理工作的指导性文件。

4. 环境监理实施细则

环境监理实施细则是在环境监理实施的基础上，项目专业监理工程师根据项目建设过程中的具体子项工程或工序的环境保护要求对具体环境监理内容进行细节性的规定，最后经监理工程师批准实施的操作性文件，如《施工营地办公区环境监理细则》。环境监理细则主要包括以下内容：总则、环境监理工作目标和范围、环境监理工作内容、环境监理工作方式、环境监理对问题的处理、环境监理工作制度及操作细则、环境监理组织机构及职责、某工序或分项工程环境监理实施细则（重点）。

5. 环境监理有关表单

环境监理有关表单主要包括：施工现场基本情况登记表、环境监理工作联系单、环境监理整改通知单、环境问题停工指令单、环境问题复工指令单、环境问题返工指令单、环境监理工程师通知回复单、环保工程设计变更申请单、污染物排放审批单、工程环境污染/生态破坏事故报告单、工程环境污染/生态破坏事故处理方案审批单、临时用地环境影响报告单、临时用地整治恢复报告单、取（弃）土地整治恢复报告单、污染防治设施工程验收单、重大环境问题报告单等。

6. 环境监理各类会议纪要 ……………………………………………………………

环境监理工作中召开的第一次环境监理工作会议、环境监理例会、环境监理专题会议、现场协调会等应以会议纪要的形式反映会议成果，报送参会单位和相关单位，作为约束各方行为的依据。

7. 环境监理来往函件 ………………………………………………………………

环境监理单位在现场巡视检查中，对施工方面的某些要求必须通过书面致函承建单位；承建单位对环境问题处理结果的答复以及其他方面的问题，也应致函环境监理单位。这些均属于环境监理来往函件。

8. 环境监理记录文件 ………………………………………………………………

环境监理单位在实施现场巡查、见证、旁站监理过程中，对现场环境保护情况的记录，一般包括现场环境情况描述、环境监测数据、环保措施落实情况等。如施工环境巡视检查记录、施工环境旁站检查记录、环保工程竣工验收记录等。记录形式包括文字、数据、影像等。

9. 环境监理各类报告文件 ……………………………………………………………

环境监理单位对某一阶段或某一专题环境监理情况，向建设单位或环境保护行政主管部门报告。其主要包括环境监理定期报告（月报、季报、半年刊、年报等）、环境监理专题报告、环境监理阶段报告、环境监理总结报告。

10. 项目其他相关技术文件 …………………………………………………………

项目其他相关技术文件主要包括建设项目的环境影响评价文件及批复、建设工程进度计划、施工设计的环境保护报审资料、施工营地的设置方案图、环保设备的质量证明文件、环保工程设计变更资料、环境监测资料报告及其他相关资料。

（二）环境监理文件编码原则

在文件分类的基础上，可以对项目文件进行编码。文件编码是将事物或概念（编码对象）赋予一定规律性的、易于计算机和人识别与处理的符号。它具有标识、分类、排序等基本功能。项目文件信息编码是项目信息分类体系的体现。对项目文件信息进行编码的基本原则如下：

（1）唯一性。虽然一个编码对象可有多个名称，也可按不同方式进行描述，但是，在一个分类编码标准中，每个编码对象仅有一个代码，每一个代码表示唯一一个编码对象。

（2）合理性。项目文件信息编码结构应与项目文件信息分类体系相适应。

（3）可扩充性。项目文件信息编码必须留有适当的后备容量，以便适应不断扩充的需要。

（4）简单性。项目文件信息编码结构应尽量简单，长度尽量短，以提高信息的效率。

（5）适用性。项目文件信息编码应能反映项目信息对象的特点，便于记忆和使用。

（6）规范性。在同一个项目的文件信息编码标准中，代码的类型、结构及编写格式都必须统一。

二、环境监理文件管理

环境监理文件管理是环境监理工程师实施建设项目环境监理，进行现场环境保护监督管理、环境监理目标控制的基本性工作。在监理组织机构中必须配备专门的人员负责监理文件和档案的收发、管理、保存工作。通过文件资料数据的收集、整理、分析，使工程施工随时处在受控状态，确保环境保护目标在主动动态控制中实现。

（一）环境监理文件管理要求及意义

（1）环境监理工作全过程涉及的文件资料种类繁多，数量庞大，原则上应该按照以下要求开展科学的管理：

①环境监理资料必须及时整理，确保真实完整、分类有序；

②环境监理资料的管理应由环境监理总工程师负责，并指定专人具体实施；

③环境监理资料应在各阶段环境监理工作结束后及时整理归档；

④环境监理档案的编制及保存应按有关规定执行。

（2）环境监理文件的科学管理对于环境监理有着重要的意义。具体体现在以下几个方面：

①对监理文件进行科学管理，可以为监理工作的顺利开展创造良好的条件。环境监理的主要任务是根据环评及批复的要求，按合同的规定对项目建设过程进行环境保护管理。在环境监理过程中产生的各种信息，经过收集、加工和传递，以监理文件资料的形式进行管理后保存，是有价值的监理信息资源，是环境监理工程师进行建设项目环境保护目标控制的客观依据。

②对监理文件进行科学管理，可以极大提高环境监理的工作效率。应对监理文件进行科学、系统的整理归类，形成环境监理文件档案库。当工作需要时，可以有针对性地及时提供完整资料，迅速解决工作中的问题。如果资料分散，就会导致信息不全，影响判断的

准确性，阻碍监理工作的正常开展。

③对监理文件进行科学管理，是竣工环境保护验收时提供完整的环境监理档案的有效保障。监理文件的管理，是把环境监理的各项工作中形成的全部文字、声像、图纸及报表等文件进行统一管理及保存，从而确保文件资料的完整性。一方面，在建设项目竣工环境保护验收时，环境监理单位可以向建设单位移交完整的环境监理文件，作为建设项目的档案资料；另一方面，完整的监理文件资料是环境监理具有历史价值的资料，在建设项目运行中出现环保问题时通过查阅历史资料可以追溯原因和分清责任。对监理文件进行科学管理也有利于监理工作总结，从而不断提升环境监理的工作水平。

补充阅读

控制理论及其分类简要介绍

没有控制就没有管理，控制理论是现代经济管理理论的重要理论基础之一。建设工程环境监理的中心工作是进行工程建设项目的环保目标控制。因此，工程环境监理单位及其环境监理工程师必须要掌握有关目标控制的基本思想、基本理论和基本方法。

从工程建设环境监理的角度来看，控制活动可分为两大类，即主动控制和被动控制。

1. 主动控制

所谓主动控制，是在预先分析各类风险因素及其导致目标偏离的可能性和程度的基础上，拟订和采取有针对性的预防措施，从而减少乃至避免目标偏离。主动控制是一种事前控制。它必须在计划实施之前就采取控制措施，以降低目标偏离的可能性或其后果的严重程度，起到防患于未然的作用。主动控制是一种前馈控制。它主要是根据已建同类工程实施情况的综合分析结果，结合拟建工程的具体情况和特点，将教训上升为经验，用以指导拟建工程的实施，起到避免重蹈覆辙的作用。

主动控制通常是一种开环控制。

2. 被动控制

所谓被动控制，是从计划的实际输出中发现偏差，通过对产生偏差原因的分析，研究制定纠偏措施，以使偏差得以纠正，工程实施恢复到原来的计划状态，或虽然不能恢复到计划状态但可以降低偏差的严重程度。被动控制是一种事中控制和事后控制。它是在计划实施过程中对已经出现的偏差采取控制措施，它虽然

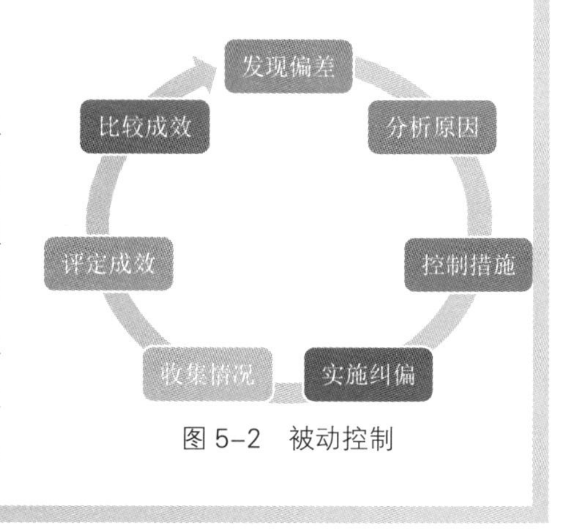

图 5–2　被动控制

不能降低目标偏离的可能性，但可以降低目标偏离的严重程度，并将偏差控制在尽可能小的范围内。被动控制是一种闭环控制，如图5-2所示。

被动控制是一种面对现实的控制。虽然目标偏离已成为客观事实，但是，通过被动控制措施，仍然可能使工程实施恢复到计划状态，至少可以减少偏差的严重程度。不可否认，被动控制是一种有效的控制，也是十分重要而且经常运用的控制方式。

3. 主动控制与被动控制的关系

主动控制与被动控制对于工程环境监理单位及其环境监理工程师缺一不可，它们都是实现工程建设项目目标所必须采用的控制方式。这是因为：一方面，主动控制中的主动必然只是相对的，人们不可能完全预测出未来情况；另一方面，被动控制是最基本的控制方式，一旦出现了未曾预料到的偏差情况，控制就不可避免地转化为被动控制。被动控制是不可能被主动控制完全取代的，因此，正确处理被动控制和主动控制的关系是工程环境监理单位及其环境监理工程师的重要任务。

有效的控制是将主动控制与被动控制紧密结合起来，力求加大主动控制在控制过程中的比例，同时进行定期、连续的被动控制。这对于提高建设工程目标控制效果，具有十分重要的意义。怎样才能做到主动控制与被动控制相结合呢？详见图5-3。

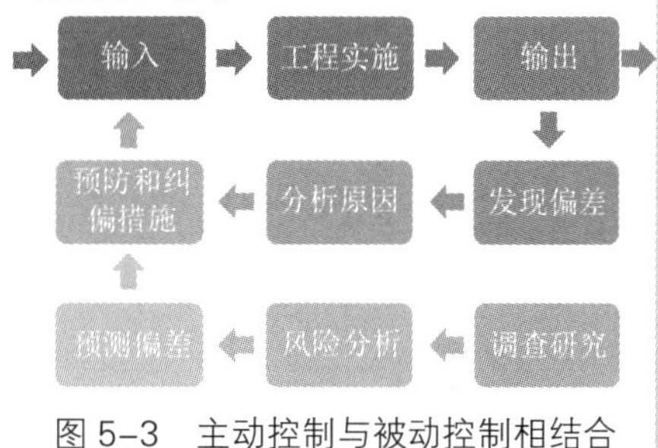

图 5-3 主动控制与被动控制相结合

（二）环境监理文件管理原则

为了便于文件信息的搜集、处理、储存、传递和利用，环境监理工程师在文件信息管理实践中逐步形成了以下基本原则。

1. 标准化原则

要求在项目的实施过程中对有关文件信息的分类进行统一，对文件信息流程进行规范，产生控制报表则力求做到格式化和标准化，建立健全的文件信息管理制度，从组织上保证信息生产过程的效率。

2. 有效性原则

环境监理工程师所提供的文件信息应针对不同层次管理者的要求进行适当加工，针对不同管理层提供不同要求和浓缩程度的信息。例如，对于项目的高层管理者而言，提供的决策信息应力求精练、直观，尽量采用形象的图表来表达，以满足其战略决策的信息需要。

3. 定量化原则 ……………………………………………………………………………

建设工程产生的信息不应是项目实施过程中产生数据的简单记录，应该经过信息处理人员的比较与分析。

4. 时效性原则 ……………………………………………………………………………

考虑工程项目决策过程的时效性，建设工程的成果也应具有相应的时效性。建设工程的信息都有一定的生产周期，如环境监理月报、季报、年报等，都是为了保证信息产品能够及时服务于决策。

5. 高效处理原则 …………………………………………………………………………

通过采用高性能的信息处理工具（建设工程信息管理系统），尽量缩短文件信息在处理过程中的延迟。环境监理工程师的主要精力应放在对处理结果的分析和控制措施的制定上。

6. 可预见原则 ……………………………………………………………………………

环境监理工程师应通过采用环境影响预测和监测设备为项目的建设内容可能对周围环境产生的影响及程度做必要的预测，作为采取主动控制措施的依据。

（三）环境监理文件管理流程与方法

环境监理文件管理流程与方法如图5-4所示。环境监理文件原则上不得外借。如特殊情况需要外借，则由总环境监理工程师同意后，在相关信息管理部门办理借阅手续。环境监理档案更改应由原制定部门相应负责人执行，涉及审批的，由原审批责任人执行。文档换发新版时，应由信息管理部门负责将原版收回作废。

（四）环境监理文件信息传输流程

建设工程是一个由多单位、多部门组成的复杂系统。参加工程建设的各单位必须规范互相之间的信息流程。各方需要数据信息时，能够从相关的部门、相关的人员处及时得到。同时，有关各方也必须在规定的时间提供形式规定的数据和信息给其他部门使用，达到信息管理规范化。环境监理内部信息流传如图5-5所示。

1. 内部传输 ………………………………………………………………………………

环境监理工程师对外来资料要制定一套严格的传递流程，文件传递流程为资料员（登记）→总监理工程师（批示）→资料员→环境监理工程师（签证或提出处理意见）→总监理工程师（审查或签字、批示盖章）→资料员（盖章、发送及存档），确保文件被监理部所有相关人员知晓，确保文件去向明确。 总监理工程师可通过会议、内部文件等形式将

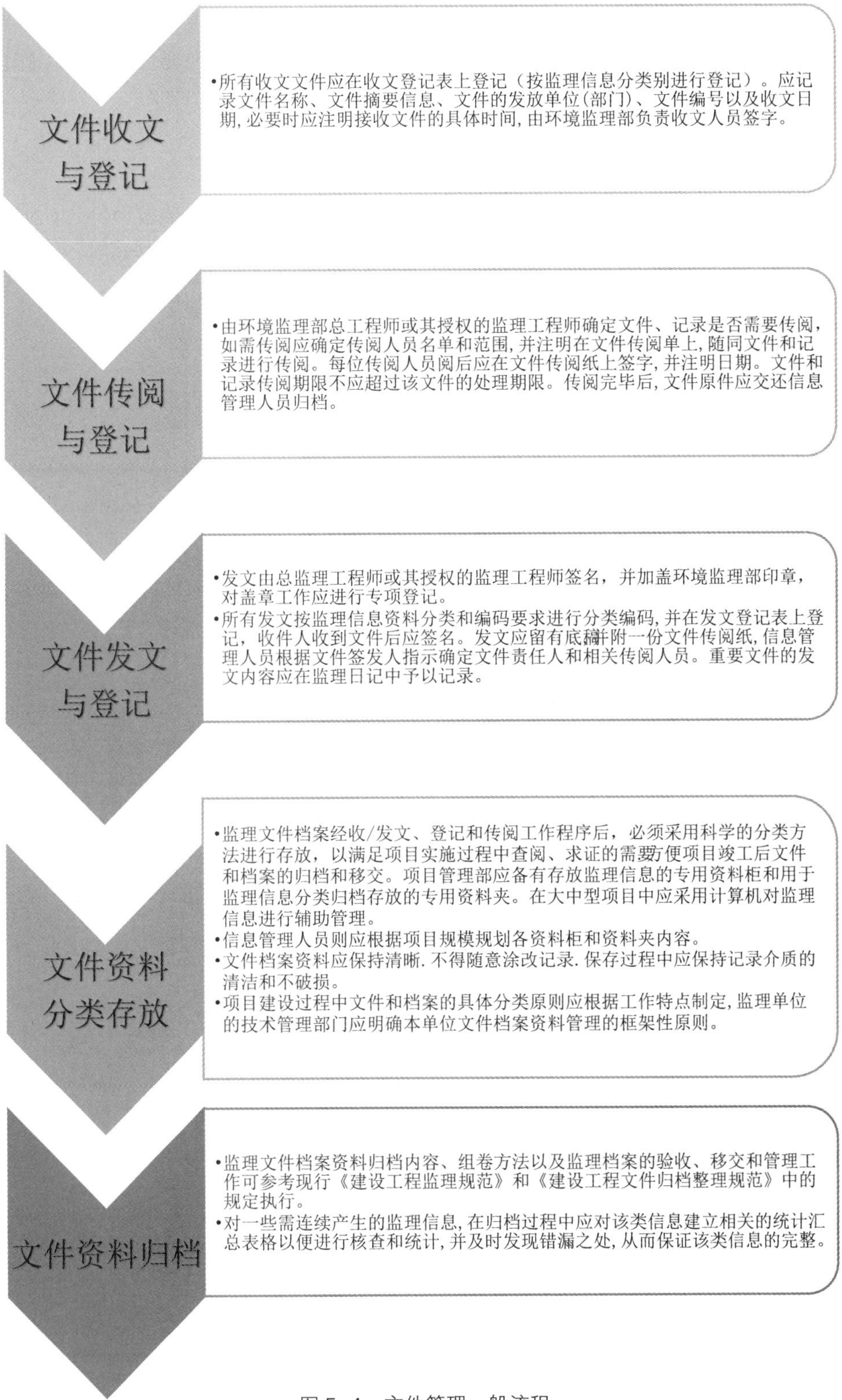

文件收文与登记

- 所有收文文件应在收文登记表上登记（按监理信息分类别进行登记）。应记录文件名称、文件摘要信息、文件的发放单位(部门)、文件编号以及收文日期，必要时应注明接收文件的具体时间，由环境监理部负责收文人员签字。

文件传阅与登记

- 由环境监理部总工程师或其授权的监理工程师确定文件、记录是否需要传阅，如需传阅应确定传阅人员名单和范围，并注明在文件传阅单上，随同文件和记录进行传阅。每位传阅人员阅后应在文件传阅纸上签字，并注明日期。文件和记录传阅期限不应超过该文件的处理期限。传阅完毕后，文件原件应交还信息管理人员归档。

文件发文与登记

- 发文由总监理工程师或其授权的监理工程师签名，并加盖环境监理部印章，对盖章工作应进行专项登记。
- 所有发文按监理信息资料分类和编码要求进行分类编码，并在发文登记表上登记，收件人收到文件后应签名。发文应留有底稿并附一份文件传阅纸，信息管理人员根据文件签发人指示确定文件责任人和相关传阅人员。重要文件的发文内容应在监理日记中予以记录。

文件资料分类存放

- 监理文件档案经收/发文、登记和传阅工作程序后，必须采用科学的分类方法进行存放，以满足项目实施过程中查阅、求证的需要，方便项目竣工后文件和档案的归档和移交。项目管理部应备有存放监理信息的专用资料柜和用于监理信息分类归档存放的专用资料夹。在大中型项目中应采用计算机对监理信息进行辅助管理。
- 信息管理人员则应根据项目规模规划各资料柜和资料夹内容。
- 文件档案资料应保持清晰，不得随意涂改记录，保存过程中应保持记录介质的清洁和不破损。
- 项目建设过程中文件和档案的具体分类原则应根据工作特点制定，监理单位的技术管理部门应明确本单位文件档案资料管理的框架性原则。

文件资料归档

- 监理文件档案资料归档内容、组卷方法以及监理档案的验收、移交和管理工作可参考现行《建设工程监理规范》和《建设工程文件归档整理规范》中的规定执行。
- 对一些需连续产生的监理信息，在归档过程中应对该类信息建立相关的统计汇总表格以便进行核查和统计，并及时发现错漏之处，从而保证该类信息的完整。

图 5-4　文件管理一般流程

工程有关各方的信息传递给各监理人员，监理人员应依照执行并将情况向总监理工程师反馈，总监理工程师应经常检查和过问。现场监理人员每日应将工程现场环境保护工作情况逐级汇报至总监理工程师，并按规定的格式形成书面统计材料。

2. 外部传递

来自业主的函件或其他信息，总监理工程师应及时传送或转达给承包单位，让业主意图得以贯彻落实；环境监理月报，环境监理工程师应在约定的时间报送业主。

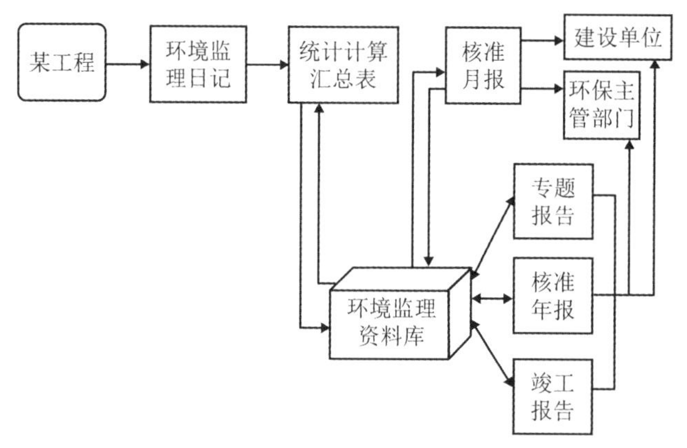

图 5-5　信息传递流程

（五）信息的存储

信息的存储一般需要建立统一的数据库，各类数据以文件的形式组织在一起，组织的方法一般由单位自定，但要考虑规范化。根据建设工程实际，可以按照下列方式组织：

（1）按照工程进行组织，同一工程按照投资、进度、质量、合同的角度组织。文件名规范化，以定长的字符串作为文件名，例如按照类别、工程代号（拼音或数字）、开工年月、组成文件名。如合同以HT开头，该合同为监理合同J，工程为2002年6月开工，工程代号为08，则该监理合同文件名可以用HTJ080206表示。

（2）各建设方协调统一存储方式，在国家技术标准有统一的代码时尽量采用统一代码。

（3）有条件时可以通过网络数据库形式存储数据，达到建设各方数据共享，减少数据冗余，保证数据的唯一性。

本章小结

本章重点内容讲解

本章主要介绍了环境监理方案和环境监理报告的编制要求与方法，以及环境监理文件分类与管理方法等内容，同时提供了多份实际案例的环境监理方案和环境监理报告文本供参考。环境监理方案是指导建设项目组织全面开展环境监理工作的纲领性文件，应由项目总环境监理工程师组织编制。环境监理方案根据不同的时间和用途一般可以分为环境监理初步方案和环境监理实施方案（也称环境监理规划）。环境监理方案一般包括以下内容：总则、建设项目概况、环境监理范围、环境监理工作内容、环境监理工作目标、项目环境监理机构和人员职责、环境监理工作程序、环境监理工作方法及措施、环境监理工作制度、环境监理设施和监测管理、环境监理组织协调、环境监理工作要点、环境风险防范措施、环境监理用表、环境监理工作成果等。环境监理报告主要包括环境监理实施细则、环境监理定期报告、会议纪要、环境监理阶段性报告和环境监理工作总结报告。这些报告的编制都有相应的编制规范和内容要求。在环境监理文件管理时需要对环境监理的各种文件进行分类和统一编码。环境监理文件管理工作的基本流程包括文件收文与登记、文件传阅与登记、文件发文与登记、文件资料分类存放和文件资料归档等。环境监理文件信息传输包括内部传输和外部传递。

复习思考题

1. 环境监理初步方案、环境监理实施方案、环境监理实施细则有什么区别和联系?
2. 每一个环境监理项目都需要编制环境监理初步方案吗?
3. 环境监理总结报告的主要内容有哪些?
4. 环境监理方案的主要内容有哪些?
5. 环境监理文件资料包括哪些?
6. 向建设单位反映环境监理工作的报告一般包括哪些?
7. 照片和视频资料不属于环境监理需要管理的文件内容。这句话对吗? 为什么?
8. 环境监理文件信息内部传递流程是什么?
9. 根据以下某净水厂工程施工阶段关于“废气治理设施”的环境影响评价及批复的要求，撰写环境监理要点。

类别	项目	环评及批复要求	监理要点
废气收集系统	工艺废气	（1）污水处理厂采用全地下式双层加盖的布置形式，主处理构筑物置于地下，组团布置； （2）预处理区（细格栅、曝气沉砂池及精细格栅）、生化处理区全密闭微负压设计	
厂区废气治理设施	恶臭污染控制	（1）预处理区（细格栅、曝气沉砂池及精细格栅）、生化处理区（水解酸化池、MBR 生化池及 MBR 膜池）等密闭池体空间以及污泥处理区（污泥贮泥池及污泥脱水间）设置生物滴滤塔除臭系统进行生物除臭，并设置活性炭除臭装置作为辅助配套，使收集的恶臭气体统一经过生物过滤塔及活性炭吸附处理后，最终经 15m 高排气筒高空排放。 （2）如细格栅、沉砂池、精细格栅、MBR 生化池（包括厌氧池、缺氧池、好氧池）、MBR 膜池、脱水机房、装泥间等虽然进行了密封加盖以及负压抽吸等措施，但由于时常需要清理污水垃圾外运、运送污泥，且上述构筑物的设备由于时常需要检修造成密闭罩并不能完全处于密封状态，从而使少量的臭气飘散到负一层的操作空间。因此，对于上述预处理区、生化处理区及污泥处理区等有人员操作的区域，设置离子除臭新风系统，使室外新鲜空气经过离子发生器，形成离子新风气流后送入上述区域的人员操作区，与区域内的臭气发生离子反应从而达到净化除臭的效果，保证操作人员的卫生要求。同时，排风经活性炭吸附处理后，最终经 4 个低空排放风机房集中排放	
高位井废气治理设施	臭气	高位井内安装高能离子除臭设备 1 套	
油烟废气	食堂	通过油烟净化器处理后通过专用排烟井由综合楼楼顶高空排放	

第六章 环境监理单位与资质管理

第一节 环境监理单位

一、环境监理管理模式

目前，我国开展的环境监理模式大体有以下三种类型。

（一）包容式环境监理

包容式环境监理模式一般需要在项目监理部设置一个环境保护职能部门，负责工程项目环境监理的规划和组织落实，环境监理工作由各专业监理工程师共同承担，全体监理人员参加环境监理工作。交通运输部门在各省区市的大型交通建设项目大多采用这种模式。该模式的优点是充分依靠工程监理体制，环境保护工作与工程质量、进度、费用直接挂钩，具有较强的执行力。但该模式的缺点也较突出，如监理人员环保专业知识不足，对环评及其批复要求理解不到位，对环境政策法规把握不准确等，导致保护措施实施状况及效果不能很好满足环评及其批复的要求。

（二）独立式环境监理

独立式环境监理模式是将环境监理机构独立于工程监理，与建设单位直接签订环境监理工作合同，与工程监理呈并列关系。环境监理由具有环境保护相关资质（环评证书持证单位、环科院、大专院校等）的单位承担，由生态、环境科学与工程等专业人员承担环境监理工作。目前辽宁、浙江、陕西等省份以及水利水电行业多采用此模式。该模式的优点是环境监理人员政策法规知识水平较高，环保知识专业强，与环境保护主管部门协调能力强，对工程环境问题和环境保护要求把握准确。但该模式的主要缺点是环境监理人员对主体工程内容专业知识理解不足，对某些容易破坏环境或造成环境污染的施工过程监理力度不够，特别是多采用巡视的方法开展工作，难以自始至终进行驻地监理，不能及时发现环境问题；同时与工程监理部门的协调性较差。

(三) 结合式环境监理

结合式环境监理模式是在项目工程监理单位内部设立环境监理部门，由生态、环境科学与工程等专业人员承担环境监理工作，在总监理工程师的直接领导下，对承包人的主体工程和污染防治及生态保护工程的质量、进度、费用、生态环境保护措施等情况进行监督管理。目前我国河南省大多采用该模式进行工程项目的环境监理。该模式的优点是环境监理人员纳入到工程监理公司统一体制内，常驻工地，增强了环境保护职能部门与项目监理的其他部门之间的资源共享。但缺点是环境监理工程师的工作可能受制于工程监理，独立性难以得到保证。

二、环境监理单位的概念及设立

(一) 环境监理单位的概念

环境监理单位一般是指取得环境保护主管部门的资格审核批准文件，具有法人资格，主要从事建设项目环境监理工作的企业组织，如环境监理公司、环境监理事务所等，也包括主业为其他工作，而有省以上环境保护主管部门的资格审核批准文件，法人资格的单位下设的专门从事环境监理的二级机构，如科研单位的“环境监理部”“环境监理室”等。

环境监理单位必须是法人，同时环境监理单位是企业。企业是实行独立核算，从事营利性经营和服务活动的经济组织。换言之，环境监理单位是以盈利为目的、依照法定程序设立的企业法人。

(二) 环境监理单位的设立

1. 设立环境监理单位的基本条件

目前，每个省份针对所在省份的具体情况,对环境监理单位的设立条件有不同的要求，但基本都涵盖以下几个方面：

(1) 在中华人民共和国境内登记的各类所有制企业或事业法人，具有固定的工作场所和工作条件，对于固定资金也有一定的要求。

(2) 具有适量的工程分析、工程环境、生态、土建等方面的专业技术人员；开展项目环境监理的单位应具有环境影响评价工程师和注册监理工程师；根据不同规模的项目开展环境监理工作，应对环境影响评价工程师和注册监理工程师的人数有不同的要求。

(3) 所有环境监理人员上岗前都应进行环境监理业务培训，考核或考试合格者，才能进行现场环境监理工作；对开展的不同规模的环境监理项目，应对环境监理专业技术人员的数量有不同的要求。

（4）配备与环境监理工作范围一致的专项仪器设备，具备文件和图档的数字化处理能力，具有较完善的计算机网络系统和档案管理系统。

2. 设立环境监理单位应准备的材料

满足设立环境监理单位条件的单位，应向环境保护主管部门提出申请，经环境保护主管部门认可后方可从事建设项目环境监理工作。环境监理工作范围包括生态类和工业类两个类别。

（1）设立环境监理单位的申请报告。

（2）建设项目环境监理单位推荐资格申请表。

（3）企业法人营业执照正、副本复印件或事业单位法人证书正、副本复印件。

（4）工作场所及场地证明材料。

（5）本单位具备的各类专业技术人员职业资格证书、上岗证、身份证件复印件及环境监理专业技术人员经环境保护业务培训的证明材料。

（6）环境监理相关工作业绩证明。

（7）质量管理体系认证证书复印件或环境监理工作质量保证体系的其他相关文件。

（8）其他需要提供的相关材料。

三、环境监理单位的资质申请与管理

（一）资质申请

环境监理单位的资质主要体现在环境监理能力及其环境监理效果上。环境监理能力是指能够监理多大规模和多大复杂程度的工程建设项目；环境监理效果是指对工程建设项目实施环境监理后，在工程设计文件环保核查、施工期环境保护达标情况、生态保护及环保设施运行情况的各项环境保护目标、内容、质量及污染控制等方面取得的成果。环境监理单位的环境监理能力及环境监理效果主要取决于：环境监理人员素质、专业配套能力、技术装备仪器、监理经历及管理水平、社会信誉等综合性因素。对环境监理单位的资质管理是我国政府实行市场准入控制的有效手段。

浙江省环境监理资格推荐办法

环境监理单位资格等级分为甲级和乙级。甲级环境监理单位可以在获得推荐的行业范围内开展各级环境保护部门审批的建设项目的环境监理工作；乙级环境监理单位在获得推荐的行业范围内开展设区市及以下环境保护部门审批的建设项目的环境监理工作。

目前，我国各个省份基本都出台过本省的建设项目环境监理资格推荐办法。具备申请条件的申请单位按照自愿的原则一般向所在省份的环境监理行业协会（或者相关行业协会）提出正式书面申请。协会根据申请单位的专业特长和工作业绩，通过专家考评、材料公示，认定其环境监理单位资格等级和行业范围，推荐其按照相应资格等级和行业范围在省内开展环境监理工作。各监理单位可以根据人员培训及监理工作业绩申请调整资格等级和行业范围。例如，广东省的资质申请规定如下：

1. 申请甲级资格证书的单位应具备的条件

注册资本金不少于1000万元人民币，固定资产不少于500万元人民币。

具备不少于15名相关专业并获得省级以上环境监理培训证书的初级以上技术职称人员，其中具有高级技术职称的技术人员不少于5人。第一次申请时可申报3个专业类别，每增加申报一个专业类别应当配备不少于3名获得省级以上环境监理培训证书的初级以上技术职称人员（其中必须有1名高级技术职称人员）。

具有与申报类别相匹配的专业技术人员。

2. 申请乙级资格证书应具备的条件

注册资本金不少于300万元人民币，固定资产不少于100万元人民币。

具备不少于8名相关专业并获得省级以上环境监理培训证书的初级以上技术职称人员，其中具有高级技术职称的技术人员不少于2人。第一次申请时可申报2个专业类别，每增加申报一个专业类别应当配备不少于3名获得省级以上环境监理培训证书的初级以上技术职称人员（其中必须有1名高级技术职称人员）。

具有与申报类别相匹配的专业技术人员。

（二）资质管理

1. 资质归口管理部门

建设项目环境监理是一种代表环境保护主管部门和建设单位对承建单位的环境保护行为的监督管理，环境监理单位的资质管理应由环境保护主管部门负责，以利于各级环境保护主管部门及时掌握建设项目的环境影响，并能对环境监理单位的行为进行有效监督，对环境监理单位的违规行为及时采取处罚措施。

环境监理单位的资质管理应由环境保护主管部门负责。环境保护主管部门应根据开展项目的规模大小及复杂程度，确定环境监理单位的环境影响评价工程师和注册监理工程师的人数；对一般项目和国审重大项目，应对环境监理单位的环境影响评价工程师和注册监理工程师的数量进行要求。由环境保护主管部门审核，对达到资质申领条件的，应批准该单位获得环境监理资质。新设立的环境监理企业，其资质等级应按照最低等级核定，并设暂定期限。

环境监理资质应实行年检制度，由环境保护行政主管部门对监理企业资质实行年检。

2. 环境监理单位的资质要素

（1）环境监理人员要具备较高的工程技术、环境保护知识、经济专业知识

环境监理单位的环境监理人员应具备较高的学历，一般应为大专以上学历，中级以上专业技术职称的人员应在70%左右，初级20%左右，其他人员10%以下。对环境监理单位的技术负责人，应具有高级专业技术职称，有较强的组织协调和领导能力，并已取得国家确认的环境影响评价工程师资格证书或注册监理工程师资格证书。

（2）专业的配套能力应与开展的环境监理业务范围相一致

环境监理范围包括生态类项目和工业类项目，环境监理单位的环境监理人员配备，应具有适量的工程分析、环境工程、环境监测、生态、给水排水、土建等方面的专业技术人员。要从事石油化工、建材火电、水利水电等项目环境监理工作，还应具备与其行业相关的专业技术人员。

（3）技术装备应满足环境监理最基本的工作需要

环境监理单位应当拥有一定数量的检测、测量、交通、通信、计算机等方面的设备仪器。如电脑、扫描仪、打印机、声级计、水质速测仪、空气采样器、水准仪、GPS、数码相机、摄像机、分析天平等。虽然用于工程项目环境监理的大量设施、设备可以由业主方提供（在委托监理合同附录中列出），或由环境监测站及有关单位代为监测，但常用的必不可少的一般检测设备或监理专用仪器、设备还是要装备的。

（4）环境监理单位负责人要有较高素质，环境监理单位内部要有完善的规章制度

管理水平的高低主要是看负责人的水平及规章制度落实情况，如环境监理单位有组织管理制度、人事管理制度、财务管理制度、经济管理制度、设备管理制度、档案管理制度、科技管理制度等，并能有效执行，单位负责人能做到人尽其才、物尽其用，将本单位的人、财、物的作用充分发挥出来，沟通各种渠道，占领一定的市场，在工程环境监理项目中取得良好业绩且单位信誉较佳等。

（5）诚信度要高

一般而言，环境监理单位开展环境监理业务的时间越长，环境监理的经验越丰富，环境监理能力也会越高，环境监理的业绩就会越好。环境监理的经历是环境监理单位的宝贵财富，是构成其资质的要素之一。但是，环境监理经历并不代表诚信度，新设立的环境监理单位，从一开始就要树立信誉观念。

四、环境监理单位的职责与权利

建设单位、环境监理单位、工程监理单位及承建单位共同构成了建设项目的现场环境管理体系，在这一体系中各方有着不同的职责和权利。

（一）环境监理单位的职责

建设项目环境监理应当承担建设单位委托环境监理合同所明确的环境监理责任。环境监理单位受建设单位的委托，向建设单位负责，监督管理承建单位的环境保护行为，并与工程监理单位互通信息，协调一致，共同对建设项目进行管理。

（二）环境监理单位的权利

环境监理除了享有监理权之外,还享有知情权、参议权等。环境监理单位有权了解工程及其施工情况。环境监理是依附于工程主体建设过程进行的环境保护工作，因此，环境监理单位了解工程有关施工情况，熟悉工作流程、工作计划及工程合同十分必要。在了解建设单位或施工单位有关工程施工情况，熟悉工作流程、工作计划及工程合同的基础上，环境监理单位有权参加施工期涉及环境保护措施落实、变更等商议决议，并就合同允许范围内参与决策。

（三）环境监理单位的利益

环境监理单位的利益主要包括环境监理费用和相关工作环境。根据环境监理合同，环境监理单位为业主单位提供有偿的咨询服务。同时为了更好地开展环境监理工作，建设单位应该为环境监理单位提供必要的工作条件，创建一定的工作环境，搞好环境保护有关知识的宣传教育。

五、环境监理单位的经营和管理

（一）市场开发

环境监理单位取得环境监理业务的表现形式有两种：一是通过投标竞争。建设单位应当在建设项目开工建设前，通过省环境工程评估审核中心以招投标方式委托环境监理单位开展环境监理工作。二是由业主直接委托。在不宜公开招标的机密工程或没有投标竞争对手的情况下，业主可以直接委托环境监理企业，但环境监理单位编制的环境监理方案必须通过省环境工程评估审核中心组织召开的环境监理方案审查会，与会专家审查通过后，方可进驻施工现场进行环境监理工作。

环境监理企业投标书的核心是反映所提供管理服务水平高低的环境监理方案，尤其是主要的环境监理对策。一般情况下，环境监理方案中主要的环境监理对策是指根据环境监理招标文件的要求，针对业主委托环境监理工程的特点，初步拟订的该工程的环境监理工作指导思想、主要的管理措施、技术措施、拟投入的环境监理力量以及搞好该项工程建设而向业主提供的原则性建议等。

（二）环境监理单位的经营管理

环境监理单位作为一个企业，应抓好成本管理、资金管理、质量管理，加强法制意识，依法经营。

环境监理单位的经营管理主要体现在两个方面。一是要有基本的管理措施：加强自身发展战略研究进行市场定位，广泛采用现代管理技术、方法、手段，推广先进单位经验；加强现代信息技术应用系统，掌握市场动态；开展贯标活动，实行ISO9001质量管理体系认证，提高企业市场竞争力；认真学习、严格执行环境保护的相关法律法规、环境标准、环境影响评价及批复中的要求。二是建立和健全各项内部管理规章制度：建立和健全组织管理制度、人事管理制度、劳动合同管理制度、财务管理制度、经营管理制度、项目环境监理机构管理制度、设备管理制度、科技管理制度、档案文书管理制度等。

1. 环境监理单位经营活动基本准则

环境监理单位经营活动基本准则同其他建设监理单位是一样的：“守法、诚信、公正、科学”。

（1）守法

守法即遵守国家的法律法规，主要体现在：

①环境监理单位只能在“核定的业务范围内”开展经营活动；

②不得伪造、涂改、出租、出借、转让、出卖环境监理资质；

③环境监理合同双方已经签订即具有法律效力，不得无故或故意违背自己的承诺；

④环境监理单位离开原住所地承接环境监理业务，要自觉遵守环境监理工程所在地人民政府有关部门监督管理；

⑤遵守国家关于企业法人的其他法律、法规。

（2）诚信

诚信即诚实守信用，这是道德规范在市场经济中的体现。

诚信，要求一切市场参加者在不损害他人利益和社会公共利益的前提下，追求自己的利益；其目的是在当事人之间的利益关系和当事人与社会之间的利益关系中实现平衡，以维护市场道德秩序。企业信用的实质是解决经济活动中经济主体之间的利益关系，它是企业经营理念、经营责任和经营文化的集中体现。

信用是环境监理企业的一种无形资产，也是我们走出国门、进入国际市场的身份证。它是能给企业带来长期经济效益的特殊资本。环境监理单位应健全企业的信用管理制度，使企业成为讲道德、讲信用的市场主体。

（3）公正

公正是指环境监理单位在环境监理活动中既要维护业主的利益，也不能损害承包商的合法利益，同时要对环境保护主管部门负责任，依据合同公正合理地处理业主与承包商之间的争议，也要为环境保护主管部门把好关，使建设项目的各项环境保护措施达到国家环境保护标准。

要想处事公正，必须做到：①具有良好的职业道德；②坚持实事求是；③要熟悉有关建设项目环境保护的条款；④提高专业技术能力；⑤提高综合分析判断问题的能力。

（4）科学

科学是指环境监理企业要依据科学的方案、运用科学的手段，采用科学的方法开展环境监理工作。环境监理结束后还要进行科学的总结。

①科学的方案主要是指环境监理方案，在实施环境监理之前要尽可能准确地预测出各种可能的问题，要针对性地拟定解决办法，制定出切实可行、行之有效的环境监理实施方案，指导环境监理活动顺利进行。

②科学的手段主要是指运用或借助先进的科学仪器才能做好环境监理工作。如各种检测、实验、测量、摄像设备及计算机等。

③科学的方法主要体现在环境监理人员在掌握大量的、确凿的有关环境监理对象及其外部实际情况的基础上，适时、高效、妥帖地处理有关问题，用“事实”“文字”“数据”“图像”说话。

2. 环境监理单位的经营内容

环境监理单位接受业主的委托，为其提供智力服务，进行设计文件环保核查，施工期环境保护达标监理、生态保护措施监理、环保设施监理，试运行期间环境监理，这就是环境监理单位的经营内容。

（1）设计文件环保核查期间环境监理

本阶段的工作内容包括收集环境保护相关文件如环评、环评批复，并以此为基础，对初步设计、施工图设计的工作内容进行复核。主要关注的内容包括工程变化尤其是涉及环境敏感区的工程内容变化情况，项目初步设计、施工图设计中落实环境保护要求的情况，以及项目的施工组织设计、环保工程工艺路线选择、设计方案及环保设施的设计内容等。

若环境监理单位受业主委托参加工程项目的环保工程施工招标工作，作为具体参与的环境监理工程师必须熟悉施工招标的业务工作。工程项目的招标程序一般可分为准备阶段、招标阶段和评标、决标签订合同阶段。我国建设工程招标工作一般由业主(建设单位)负责组织，或者由业主委托工程招标咨询公司、代理组织。

招投标阶段环境监理工程师服务要点：受业主单位的委托，组织环保工程招标工作、参与招标文件和标底的编制，参与评标、定标以及中标承包合同的签订等工作。招投标服务是环境监理工程师一项重要的业务，也是一项专业化的工作。对于每位环境监理工程师来说，一方面应该熟悉国际、国内工程建设招投标的有关工作程序和规定，另一方面必须努力掌握有关经济合同、法律、技术等方面的专业知识，提高自身业务素质，这是保证提高服务质量的前提条件和基础。

(2) 施工期环境监理

施工阶段是建设项目建设过程中的重要阶段，是以执行计划为主的阶段("按图施工"可以理解为是执行计划的一种表现)，是实现建设工程价值和使用价值的主要阶段，是资金投入量最大的阶段，也是对环境质量和生态破坏影响最大的阶段。施工阶段需要协调的内容多，施工期环境质量和环境安全对建设工程的顺利竣工起着重要作用。因此，施工阶段的环境监理是工程建设项目环境监理的重要组成部分。

施工阶段的监理内容主要包括：施工期环境保护达标监理、生态保护措施监理、环保设施监理。环境保护达标监理是确保项目施工建设过程中各种污染因子达到环境保护标准要求。根据环境影响评价报告书中有关施工期污染防治措施及生态环境保护措施的具体要求，确保本项目施工期废水、废气、固废、噪声等满足国家和地方环保要求。生态保护措施监理师监督检查项目施工建设过程中自然生态保护和恢复措施、水土保持措施及自然保护区、风景名胜区、水源保护区等环境敏感保护目标的保护措施落实情况。环保设施监理是按照环境影响评价文件及批复的要求，监督检查项目施工建设过程中环境污染治理设施、环境风险防范设施建设情况。

(3) 试运行期间环境监理

试运行期间环境监理工程师监督检查项目试运行期间环保"三同时"和污染物达标排放，生态保护和环保设施运行情况。

建设项目竣工后，在建设项目试运行(生产)前，建设单位应向有审批权的环境保护行政主管部门提出试运行(生产)申请。试运行(生产)申请经有审批权的环境保护行政主管部门同意后，建设单位方可进行试运行(生产)。

3. 环境监理的主要方法

(1) 定期主持召开工地例会，特别要参加建设项目开工前由建设单位主持召开的第一次工地会议。第一次工地会议的内容是：建设单位（业主）、承包单位、各监理单位分别介绍各自驻现场的组织机构、人员及其分工；建设单位（业主）根据委托环境监理合同宣布对总环境监理工程师的授权；建设单位介绍开工准备情况；承包单位介绍施工准备情况；建设单位和总环境监理工程师对施工准备情况提出意见和要求；总环境监理工程师介绍环境监理方案主要内容；研究确定各方在施工过程中要求参加工地例会的主要人员，召开工地例会周期、地点及主要议题。第一次工地会议内容比较重要。

（2）做好见证、旁站、巡视和平行检验。由环境监理人员现场监督某项环境保护工序的全过程完成情况的活动叫“见证”。“旁站”是监督关键的环境保护措施的执行或落实过程中，由环境监理人员在现场进行的监督活动。“巡视”是监督人员对现场施工过程中的环境保护措施的执行或落实情况在现场进行的定期或不定期的监督活动。“平行检验”是项目环境监理机构利用一定的检查或检测手段，在承包单位自检的基础上，按照一定的比例独立进行检查或检测的活动。这里所强调的是“一定比例”和“独立进行”，体现了既相信别人，更应该相信自己，反映了环境监理工作的责任。

（3）关注工程的平面布置及环保工程变更，确保平面布置与环保工程按照环境影响评价及批复要求进行设计施工。即时纠正没有按照环境影响报告书及环境保护行政管理部门的批复要求进行设计和施工，擅自改变生产规模、生产工艺和主要设备，擅自调整排污管道的走向的施工作业，避免污染物突破排放总量控制要求，环保设施无法达标，同时也造成大量经济浪费。环境监理人员应及时监督整改，发现问题于初始阶段，坚决杜绝非标准排放口的建设，确保建设项目顺利通过竣工环境保护验收，为项目以后的实施和生产创造条件。

（4）认真做好环境监理资料的管理。环境监理资料包括：施工合同文件及委托环境监理合同；环保设计文件；环境监理方案；环境监理实施细则；分包单位资格报审表；设计交底与图纸会审会议纪要；环境监理业务联系单；环境监理整改通知单；环境监理会议纪要；往来函件；环境监理日志；环境监理月报；环境监理专题报告；环境监理竣工报告；试运行阶段环境监理报告；等等。环境监理人员要坚持记录环境监理日志，这是环境监理工程师掌握施工阶段现场情况的第一手资料和最基本的依据。现场记录包括文字、图片、影像及必要的环境监测数据等。环境监理资料的管理必须及时整理、真实完整、分类有序；由总环境监理工程师负责，指定专人具体实施。所有环境监理资料的管理应做到按有关管理规定，该移交的移交，该归档的归档。

第二节 环境监理工程师

一、环境监理人员要求

（一）环境监理人员素质要求

环境监理工程师应具备以下素质：

（1）较高的学历和复合型的知识结构。要成为一名监理工程师，至少应具有工程类大专以上学历，并应了解或掌握一定的工程建设经济、法律和组织管理等方面的理论知识，了解新技术、新设备、新工艺，熟悉与工程建设相关的现行法律法规、政策规定。

（2）丰富的工程建设实践经验。实践经验是环境监理工程师的重要素质之一。工程建设中出现的失误，少数原因是责任心不强，多数原因是缺乏实践经验。实践经验丰富则可以避免或减少工作失误。

（3）良好的品德。环境监理工程师的良好品德主要体现在：热爱本职工作；具有科学的工作态度；具有廉洁奉公、为人正直、办事公道的高尚情操；能够听取不同方面的意见，冷静分析问题。

（4）健康的体魄和充沛的精力。尽管环境监理是一种高智能的技术服务，以脑力劳动为主，但是，环境监理工作也必须具有健康的身体和充沛的精力才能胜任，尤其在建设工程施工阶段，由于露天作业，工作条件艰苦，工期往往紧迫，业务繁忙，更需要有健康的身体，否则难以胜任工作。

（二）环境监理工程师的职业道德

在监理行业中，环境监理工程师严格遵守如下通用职业道德守则：

（1）维护国家的荣誉和利益，按照“守法、诚信、公正、科学”的准则执业。

（2）执行有关工程建设的法律、法规、标准、规范、规程和制度，履行监理合同规定的义务和职责。

（3）努力学习专业技术和工程监理知识，不断提高业务能力和监理水平。

（4）不以个人名义承揽监理业务。

（5）不同时在两个或两个以上监理单位注册和从事监理活动，不在政府部门和施工、材料设备的生产供应单位兼职。

（6）不为所监理的项目指定承建单位、建筑构配件、设备、材料生产厂家和施工方法。

（7）不收受被环境监理单位的任何礼金。

（8）不泄露环境监理工程各方认为需要保密的事项。

（9）坚持独立自主地开展工作。

（三）环境监理人员的地位

环境监理人员所具有的地位，决定了环境监理人员在执业中一般应享有的权利和应履行的义务。权利主要包括：

（1）使用环境监理工程师名称。

（2）依法自主执行业务。

（3）依法签署环境监理及相关文件并加盖执业印章。

义务主要包括：

（1）遵守法律、法规，严格依照相关的技术标准和委托监理合同开展工作。

（2）遵守职业道德，维护社会公共利益。

（3）在执业中保守委托单位申明的商业秘密。

（4）不得同时受聘于两个及以上单位执行业务。

（5）接受职业继续教育，不断提高业务水平。

二、环境监理人员职责

（一）总环境监理工程师的职责

总环境监理工程师又称环境监理总监，是指取得国家环境监理资质，全面负责建设项目环境监理的专业环境监理工程技术人员。一般具有以下职责：

（1）确定项目环境监理机构的组织形式、人员配备、工作分工及岗位职责。

（2）主持制定项目环境监理规划，审批环境监理部和环境监理工程师编制的监理细则。

（3）组织、检查、考核环境监理人员的工作，对不称职的监理人员及时进行调整，保证监理机构有序、高效地开展工作。

（4）参与处理环保工程变更事宜，签署工程变更指令。

（5）主持环境监理例会，参与环保工程质量缺陷与污染事故调查。

（6）参与公开预备会议及工程例会。

（7）负责与业主商讨、草拟环境监理合同的补充（变更）条款。

（8）负责协调环境监理部与领导小组、工程监理部、环境监测单位、承包人以及公司内各部门的沟通和工作联系。

（9）审核签认分部分项工程的环保验收评定资料。

（10）参与工程竣工验收，签发工程移交环保证明书。

（11）整理并审核签署项目的环境监理档案资料。

（12）兼任监理部安全主任，负责监理部安全管理领导工作。

（二）环境监理工程师职责

环境监理工程师是指取得国家环境监理专业资质，并根据环境监理项目岗位职责和环境监理总监的指令，负责实施某一专业或某一方面的环境监理工作，具有相应环境监理文件签发权的环境监理工程技术人员。一般具有以下职责：

（1）在环境总监的领导下制订环境监理实施细则，并组织实施。

（2）具体组织实施分管工程的环境监理工作，使监理工作有序开展。

（3）检查承包人按设计图进行环保工程施工及环保措施执行情况。

（4）组织、检查和指导监理员工作。

（5）负责审查承包人提交的与环境监理有关的施工计划、施工技术方案、申请及报告等，并向环境总监提出审查意见。

（6）负责检查各分部、分项工程施工中的环境影响，如有环境问题填写整改通知单，经项目环境总监签发后，督促承包人落实整改。

（7）负责分项工程及隐蔽工程环保验收。

（8）负责各分项工程施工中必要的环境监测工作。

（9）负责记录环境监理工作实施情况，参与编写本专业的有关监理报告。

（10）负责整理分管工程环境监理的有关工程竣工验收资料。

（11）及时、全面地向环境总监报告自己负责的监理工作情况。

（12）及时记载监理日记，参加工地例会，向项目环境总监反映环境监理中存在的重大环保问题。

（13）完成环境总监安排的其他工作。

（三）环境监理员的职责

环境监理员是指经过环境监理业务培训，具有环境监理专业资质，从事具体项目现场监督管理的技术人员。一般具有以下职责：

（1）在专业环境监理工程师的指导下开展现场环境监理工作。

（2）巡视施工现场环境保护措施、环保“三同时”建设情况及生态保护情况，并做好检查记录工作。

（3）担任旁站工作，发现问题及时指出并向专业环境监理工程师报告。

（4）做好环境监理日记和有关的环境监理记录。

（四）文员职责

（1）熟悉环境监理总部和环境监理部内部工作有关体系。

（2）认真完成环境监理部与公司、建设单位、工程监理部、总包商、分包商之间交流的图纸、资料、文件收发管理工作，包括电子文件。

（3）完成环境监理总部和环境监理部图纸、资料文件归档管理工作。

（4）及时办理环境监理部内部传阅手续，认真完成文件、资料传阅及归档工作。

（5）及时完成监理部内部文字打印工作。

（6）完成监理部的接待工作。

（7）及时收集并记载工地环保监理大事记。

（8）完成项目环境总监（或代表）安排的其他工作。

（五）环境监理人员守则

（1）按照“守法、诚信、公正、科学”的职业准则，遵守和执行国家有关工程建设的环保法律、法规，执行建设单位有关工程建设的管理原则和管理办法，依法维护国家的利益和荣誉，忠于职守，勤奋工作，独立、公正地进行环境监理工作。

（2）遵循“严格监理、热情服务、秉公办事、一丝不苟”的工作方针，严格执行国家标准和环保规范，履行环境监理合同规定的义务和责任，努力学习、积极工作，不断提高业务能力和专业水平。

（3）严格监理。对环境监理工作严格要求。首先，环境监理工程师自身严格执行合同和技术规范、标准等，不按规定方法监理验收检验的，一经发现，在监理部内部给予严肃批评；造成重大污染事故或有较大污染隐患的，要承担相应责任。其次，对承包单位要严格要求，不符合要求的，要顶住压力，坚决要求其整改，遇到自己解决不了的问题，要向总监理工程师报告。

（4）热情服务。对环境监理合同规定的环境监理任务要严格执行，同时对建设单位的服务要发挥主动性，积极向建设单位提出解决环保工程问题的建议供建设单位决策。对承包单位提出的申请报告和签证资料，要及时核实情况予以办理，不得拖拉或刁难。

（5）秉公办事。处事应公正严谨。对工程环保方面的问题，要坚持公正原则，谨慎提出意见、做出决定。不得想当然，做出缺乏法理依据或没有技术规范支持的决定。

（6）一丝不苟。在工作中，环境监理工程师要认真按技术规范和监理细则的要求操作。在签证时，要认真核对事实、资料及监测结果，同时须经审核人确认。环境监理工程师要时刻警惕，避免发生因为自己的工作失误给工程造成污染事故。

（7）爱护集体荣誉，服从领导，团结协作，实事求是，努力提高自身素质，保证良好的精神面貌。

（8）廉洁奉公，不谋私利，不索贿受贿，不与承包单位发生不正当经济关系，不兼职、不泄密，公正地维护建设单位利益。

（9）自觉接受环保主管部门及建设单位对监理工作的监督，监理工作对建设单位要有透明度。

三、环境监理人员的岗位证书制度

（一）环境监理人员实行持证上岗制

环境监理培训公告

环境监理人员除要具备环境保护相关专业技能外，还要掌握与自己本专业相关的其他专业方面的知识，以及经营管理、工业民用建筑等方面的基本知识，成为一专多能的复合型人才。环境监理人员实行持证上岗制。由原国家环境保护部直属的环境工程评估中心（或者省环境保护主管部门）统一组织培训考试，对培训考试合格的人颁发环境监理人员岗位证书。环境监理的培训对象是从事建设项目环境监理及相关工作的人员、环保系统相关单位从业人员、大专院校相关专业在校生等。岗位证书持有人员具备从事建设项目环境监理工作的基本技能，可作为环境监理专业技术人员。省环境保护主管部门对岗位证书及其持有人员实行统一管理，并定期公布岗位证书持有人员情况。岗位证书持有人员应当正确使用岗位证书，不得私自涂改和出租岗位证书。

对环境监理单位的技术负责人，应具有高级专业技术职称，有较强的组织协调和领导能力，并已取得国家确认的环境影响评价工程师资格证书或注册监理工程师资格证书。环境监理单位应当对环境监理项目负责。环境监理单位主持开展的环境监理须由登记于该单位的相应类别的环境影响评价工程师或注册监理工程师主持。环境监理总结报告中应当附环境监理人员名单表，环境监理人员应签字并承担相应责任。

（二）环境影响评价工程师职业资格考试制度

环境监理单位的技术负责人除应具有环境监理人员岗位证书外，还应取得国家确认的环境影响评价工程师资格证书或注册监理工程师资格证书。从1990年开始，国家对环境影响评价人员开始进行环境影响评价政策法规和技术的业务培训，颁发岗位培训证书。随着人事制度的改革，根据我国对专业技术人员“淡化职称，强化岗位管理，在关系公众利益和国家安全的关键技术岗位大力推行职业资格”的总体要求，同时为了加强对环境影响评价专业技术人员的管理，规范环境影响评价行为，强化环境影响评价责任，提高环境影响评价专业技术人员素质和业务水平，维护环境安全和公众利益，从2004年4月1日起，全国实施环境影响评价工程师职业资格制度。

环境影响评价工程师职业资格制度适用于从事规划和建设项目环境影响评价、技术评估和环境保护验收等工作的专业技术人员，凡从事环境影响评价、技术评估和环境保护验收的单位，应配备环境影响评价工程师。环境影响评价工程师职业资格制度纳入全国专业技术人员职业资格证书制度统一管理。

环境影响评价工程师职业资格考试是国家为选拔环境影响评价工程师而组织的考试。参加考试人员考试合格后，取得《中华人民共和国环境影响评价工程师职业资格证书》，并经登记后，可以从事环境影响评价工作。环境影响评价工程师职业资格考试时间定于每年的第2季度，一般在5月中下旬。

1. 申请报名参加环境影响评价工程师职业资格考试必须满足的条件 ……………………

（1）环境保护相关专业的技术人员：大专学历需要7年的环境影响评价工作经历；本科学历或学士学位，需要5年的环境影响评价工作经历；硕士研究生学历或硕士学位，需要2年的环境影响评价工作经历；博士研究生学历或博士学位，需要1年的环境影响评价工作经历。

（2）其他专业的技术人员：大专学历需要8年的环境影响评价工作经历；本科学历或学士学位，需要6年的环境影响评价工作经历；硕士研究生学历或硕士学位，需要3年的环境影响评价工作经历；博士研究生学历或博士学位，需要2年的环境影响评价工作经历。

2. 环境影响评价工程师职业资格考试科目设置 ………………………………………………

环境影响评价工程师职业资格考试共设4个科目：环境影响评价相关法律法规、环境影响评价技术导则与标准、环境影响评价技术方法和环境影响评价案例分析。前3科为客观题，在答题卡上作答，环境影响评价案例分析为主观题。考试分四个半天进行，各科考试时间均为3小时。环境影响评价工程师职业资格考试为滚动考试，两年为一个滚动周期。参加全部4个科目考试的人员，必须在连续两个考试年度内通过应试科目，参加2个科目考试的人员，必须在一个考试年度内通过应试科目，方能取得环境影响评价工程师职业资格合格证书。

此外，截至2003年12月31日前，长期在环境影响评价岗位上工作，并符合下列条件之一的，可免试环境影响评价技术导则与标准和环境影响评价技术方法2个科目：受聘担任工程类高级专业技术职务满3年，累计从事环境影响评价相关业务工作满15年。受聘担任工程类高级专业技术职务，并取得原环境保护总局核发的环境影响评价上岗培训合格证书。

3. 环境影响评价工程师职业资格登记管理

环境影响评价工程师职业资格实行定期登记制度，环境影响评价工程师应当在取得职业资格证书后3年内向登记管理办公室申请登记。符合登记条件并获准登记者，将取得“环境影响评价工程登记证”。环境影响评价工程师职业资格登记有效期为3年，登记管理办公室定期向社会公布经登记人员的情况。

申请登记者应具备下列条件：

（1）取得“职业资格证书”，具备与登记类别相应的环境影响评价及相关业务能力；

（2）职业行为良好，无犯罪记录；

（3）能够坚持在本专业岗位工作，身体健康，年龄在70周岁以下；

（4）所在单位考核合格。

登记有效期届满需要继续以环境影响评价工程师名义从事环境影响评价及相关业务的，应当于有效期满3个月前办理再次登记。再次登记者，应在登记期内具备环境影响评价及相关业务工作业绩，并接受继续教育。再次登记的有效期同样为3年。自登记有效期满6个月内仍未办理再次登记的，其职业资格证书自动失效。

登记者的受聘单位名称、资质等级发生变更或登记者单位调动时，应自变更之日起30日内向登记管理办公室申请单位变更登记。因登记者单位调动发生的变更登记，一年内只可申请一次。再次登记同时可申请变更登记类别，未获准再次登记者不予变更登记类别。登记类别为一般项目环境影响报告表的环境影响评价工程师，在符合登记条件后，可在登记有效期内，将登记类别变更为与所在单位资质评价范围一致的其他登记类别。

（三）监理工程师职业资格考试和注册

监理工程师是中华人民共和国成立以来在工程建设领域第一个设立的执业资格。执业资格是政府对某些责任较大、社会通用性强、关系公共利益的专业技术工作实行市场准入控制，是专业技术人员依法独立开业或独立从事某种专业技术工作所必备的学识、技术和能力标准。我国按照有利于国家经济发展、得到社会公认、具有国际可比性、事关社会公共利益四项原则，在涉及国家、人民生命财产安全的专业技术领域，实行专业技术人员执业资格制度。执业资格一般要通过考试取得，这体现了执业资格制度公开、公平、公正的原则。截至2004年，我国实行职业资格制度的专业已超过30个。其目的：第一，促进监理人员努力钻研监理业务，提高业务水平；第二，同意监理工程师的业务能力标准；第三，有利于业主选聘工程项目监理队伍；第四，便于同国际接轨，开拓国际监理市场。

监理工程师执业资格考试由住建部和人社部共同负责组织协调和监督管理，其中住建部负责组织拟定考试科目，编写考试大纲、培训教材和命题工作，统一规划和组织考前培训。人社部负责审定考试科目、考试大纲和试题，组织实施各项考务工作；会同住建部对考试进行检查、监督、指导和确定考试合格标准。监理工程师执业资格考试一般每年举行1次，考试时间一般安排在5月中旬。考试报名工作一般在上一年12月至考试当年1月进行，具体报名时间可查阅各省人事考试中心网站公布的报考文件。

1. 申报监理工程师执业资格考试

申报监理工程师执业资格考试必须满足以下条件：

（1）具有高级技术职称，或取得中级专业技术职称后具有3年以上工程设计或施工管理实践经验。

（2）在全国监理工程师注册管理机关认定的培训单位经过监理业务培训，并取得培训结业证书。

（3）由所在单位同意向本地区监理工程师资格考试管理部门报名申请，经审查批准后方可参加考试。

考试合格者，取得由各省、自治区、直辖市人事（职改）部门颁发，人力资源和社会保障部统一印制，人力资源和社会保障部、住房和城乡建设部用印的《中华人民共和国监理工程师执业资格证书》。

此外，对于从事工程建设监理工作且同时具备下列四项条件的报考人员，可免试“建设工程合同管理”“建设工程质量、投资、进度控制”两个科目，只参加“建设工程监理基本理论与相关法规”“建设工程监理案例分析”两个科目的考试：

（1）1970年（含1970年）以前工程技术或工程经济专业中专以上（含中专）毕业；

（2）按照国家有关规定，取得工程技术或工程经济专业高级职务；

（3）从事工程设计或工程施工管理工作满15年；

（4）从事监理工作满1年。

2. 监理工程师职业资格考试科目设置

监理工程师职业资格考试设“建设工程监理基本理论与相关法规”“建设工程合同管理”“建设工程质量、投资、进度控制”“建设工程监理案例分析”共4个科目。其中，“建设工程监理案例分析”为主观题，采用网络阅卷，在专用的答题卡上作答。

3. 监理工程师注册

监理工程师注册制度是政府对监理从业人员实行市场准入控制的有效手段。监理人员经注册，即表明获得了政府对其以监理工程师名义从业的行政许可，因而具有相应工作岗位的责任和权力。仅取得《监理工程师职业资格证书》，没有取得《监理工程师注册证书》

的人员，则不具备这些权力，也不承担相应责任。

监理工程师的注册，根据注册内容的不同分为三种形式，即初始注册、续期注册和变更注册。按照我国有关法规规定，监理工程师只能在一家监理企业按照专业类别注册。

（1）初始注册

经考试合格后，取得《监理工程师职业资格证书》的可申请监理工程师初始注册。申请人向聘用单位提出申请，提供规定的申请材料，聘用单位同意后报省级建设行政主管部门初审合格后，报国务院建设行政主管部门审核，对符合条件者准予注册，并颁发国家统一印制的《监理工程师职业资格证书》和职业印章（执业印章由监理工程师本人保管）。初始注册，每年定期集中审批一次，并实行公告、公示制度，经公示未提出异议的予以批准确认。

（2）续期注册

监理工程师初始注册有效期为年，注册有效期满要求继续执业的，需要办理续期注册。监理工程师如果有下列情形之一的将不予续期注册：

①没有从事工程监理的业绩证明和工作总结的；

②同时在两个以上单位执业的；

③未按照规定参加监理工程师继续教育或继续教育未达到标准的；

④允许他人以本人名义执业的；

⑤在工程监理活动中有过失的，造成重大损失的。

对无前述不予续期注册情形的准予续期注册。续期注册的有效期同样为2年。

（3）变更注册

监理工程师注册后，如果注册内容发生变更，应向原注册机构办理变更注册。监理工程师办理变更注册后，一年内不能再次进行变更注册。

国家执行机关现职人员不得申请监理工程师注册。

本章小结

本章主要介绍了环境监理单位的概念、设立条件、资质申请与管理，以及环境监理单位的职责与权利。环境监理单位一般是指取得环境保护主管部门的资格审核批准文件，具有法人资格，主要从事建设项目环境监理工作的企业组织。环境监理单位资质等级分为甲级和乙级，具备申请条件的申请单位按照自愿的原则一般向所在省份的环境监理行业协会（或者相

本章重点内容讲解

关行业协会）提出正式书面申请。环境监理单位的资质管理由环境保护主管部门负责审查，环境监理资质实行年检制度。环境监理单位应当承担建设单位委托环境监理合同所明确的环境监理责任，享有监理权、知情权、参议权等，其利益主要包括环境监理费用和相关工作环境。本章还介绍了环境监理人员的素质要求、职业道德和人员岗位职责，以及环境监理人员的岗位证书制度、环境影响评价工程师职业资格考试制度、监理工程师职业资格考试和注册制度等内容。环境监理人员实行持证上岗制，环境监理单位的技术负责人除具有环境监理人员岗位证书外，还应取得国家确认的环境影响评价工程师资格证书或注册监理工程师资格证书。

复习思考题

1. 设立环境监理企业的基本条件是什么?
2. 申请报名参加环境影响评价工程师职业资格考试，必须满足哪些条件?
3. 如何取得环境监理人员岗位证书?
4. 如何取得监理工程师从业资格?

第七章 典型生态类建设项目环境监理案例解析

第一节 生态类建设项目环境监理概述

生态类建设项目通常是指这样的一类项目，它们在施工和运营期排放固体废弃物、废水、废气和噪声的同时，更多地对地形地貌、水体水系、土壤、人工或自然植被、动物等生态因子产生影响，从而显著影响周边的生态系统，或对其产生环境风险。生态类建设项目可以概括为是对环境敏感区的生态环境产生一定影响的建设项目。为保护生态健康，避免在施工过程中对生态环境造成不必要的损害，需要在建设该类项目时对其进行环境监理。

一、生态类建设项目类型

生态类建设项目一般需要占用较多的土地、水域、岸线、空域以及地下空间。生态类建设项目是在环境管理学范畴上相对宽泛的归纳，通常包括水利水电、农林开发、交通运输、海洋工程、采掘类建设工程等项目。此外，某些输变电建设项目以及社会区域类建设项目往往也占用大量土地资源，从而对生态造成较多的不良影响。因此，此类项目通常也包含在生态类建设项目的归类之中。

（1）农林水利类建设项目:包括农、林、牧、渔业的资源开发、养殖及其服务项目，防沙治沙工程项目，水库、灌溉、引水、堤坝、水电、潮汐发电等项目。

（2）交通运输类建设项目:包括铁路、公路、地铁、城市交通、桥梁、隧道、港口、码头、航道、水运枢纽、光纤光缆等项目，管线、管道、仓储建设及相关工程等项目，各种民用、军用机场及其相关工程等项目。

（3）海洋工程设项目:包括围填海工程、海上石油开发工程、海底管道工程、海底隧道工程、海底光缆工程、跨海大桥工程、海上娱乐开发工程等。

（4）采掘类建设项目:包括地质勘查、露天开采、煤炭、石油及天然气、金属和非金属矿、盐矿采选等项目。

（5）输变电类建设项目：主要包括移动通信和无线电寻呼等电信、雷达、通信等项目，输变电工程及电力供应等项目。

（6）社会区域类项目:主要包括城市基础设施工程、垃圾填埋工程、污水处理工程、燃气管网工程、房地产建设、海岸带开发、展览馆、博物馆、P3和P4实验室建设等项目。

二、环境敏感区分类

环境敏感区可分为需特殊保护地区、生态敏感与脆弱区、社会关注区三类。在《建设项目环境保护分类管理名录》中对三类环境敏感区的界定如下。

（一）需特殊保护地区

饮用水水源保护区、自然保护区、风景名胜区、生态功能保护区、基本农田保护区、水土流失重点防治区、森林公园、地质公园、世界遗产地、国家重点文物保护单位、历史文化保护地等。

（二）生态敏感与脆弱区

沙尘暴源区、荒漠中的绿洲、严重缺水地区、珍稀动植物栖息地或特殊生态系统、天然林、热带雨林、红树林、珊瑚礁、鱼虾产卵场、重要湿地和天然渔场等。

（三）社会关注区

人口密集区、文教区、党政机关集中、办公地点、疗养地、医院等，以及具有历史、文化、科学、民族意义的保护地等。

此外,参照《建设项目环境影响评价分类管理名录》，生态环境敏感目标主要包括：

（1）自然保护区、风景名胜区、世界文化和自然遗产地、饮用水水源保护区。

（2）基本农田保护区、基本草原、森林公园、地质公园、重要湿地、天然林、珍稀濒危野生动植物天然集中分布区、重要水生生物的自然产卵场及索饵场、越冬场和洄游通道、天然渔场、资源型缺水地区、水土流失重点防治区、沙化土地封禁保护区、封闭及半封闭海域、富营养化水域。

三、生态类建设项目环境监理要点

（一）生态类建设项目环境监理原则

（1）遵循生态环境保护基本原理；

（2）坚持“预防为主”原则；

（3）实施功能补偿原则；

（4）强化生态敏感区重点工作原则；

（5）体现法律法规严肃性原则；

（6）明确目的性原则；

（7）具有一定超前性原则；

（8）要注重实效，提高针对性原则。

（二）生态环境保护措施监理要点

生态环境保护措施是生态环境影响评价工作的“重头戏”，也是生态影响类环境监理工作的“核心”，也是建设项目环境监理工作的出发点和落脚点。从生态环境特点划分的措施有保护、恢复、补偿与优化；从建设本身特点划分的措施有替代方案、生产技术选择、工程措施、管理措施。

生态类建设项目环境监理的工作重点是监督检查项目施工过程中自然生态保护和恢复措施、水土保持措施及自然保护区、风景名胜区、水源保护区等环境敏感保护目标的保护措施落实情况。环境监理人员要监督施工单位严格按照施工规划和设计，保护和合理利用土地资源，并采取必要的措施，预防和治理由于本单位施工或其他活动所造成的水土流失，保护野生动植物，改善生态环境。其包括水土保持的工程措施及为保护野生动植物采取的各种迁移、隔离保护、建设动物通道、改善栖息地环境、人工增殖等方面的措施，还耕复绿等施工期间以及完工后采取的其他生态保护和恢复措施。具体的保护措施如下。

1. 生态影响减缓措施监理

环境管理人员应监督检查承包单位在施工过程中是否采取切实可行的措施，减少对当地陆地生态环境破坏。对于工程临时用地，是否在施工结束时及时进行平整、植被恢复。对于永久性占地，是否在相邻或附近地方对已经破坏的生态环境采取补偿的措施。

2. 水土流失监理

环境监理人员应督促建设单位落实主管部门批复的水土保持方案，监督施工单位通过制定科学合理的施工方案，减少土地占用和植被破坏。

3. 陆生、水生动植物环境监理 ……………………………………………………………………

监理单位应了解工程影响区珍稀野生动植物分布状况；在野生动物保护区内施工时，应按规定在施工作业带预留通道，供动物穿越迁徙；严格监控施工地与保护物种之间的防护距离，若距离较近，在施工前应予以预警提示；严禁砍伐征占地以外的植被，对征占地范围内的保护物种应在施工前采取有效保护措施；严禁捕猎行为。

4. 文物景观等环境敏感区监理 ……………………………………………………………………

环境监理人员应掌握工程区的文物古迹、风景名胜、自然保护区、水源地等的分布、数量、保护级别、保护内涵等；监理施工征地前、施工过程中是否对其范围内的地面和地下文物古迹实施了有效的保护措施（如原地保护、异地迁徙、拆除和馆藏等）；在风景名胜区、自然保护区等敏感区内开发建设项目应符合国家相关法规、政策的划定，严禁人为破坏区内资源。

5. 移民安置监理 ……………………………………………………………………

环境监理人员应熟悉移民安置实施规划的安置地点、安置方式、安置点规模、基础设施设计方案等；监理移民村镇规划和选址是否避开文物古迹、自然保护区、风景名胜区等敏感区；监理安置点的水源是否满足人畜饮水要求，安置区是否存在严重的传染病、地方病等。

•••（三）施工期环保达标监理要点

1. 水环境监理 ……………………………………………………………………

环境监理人员应掌握施工过程中废液、泥浆、试压用水及生活污水等各类污（废）水的处理情况；掌握施工期产生的工业废水和生活污水中污染物的来源、种类、浓度、排放数量、地点、方式等，监督检查施工期工业废水和生活污水的处理情况是否合理；核实在运河、渠道、水库等水利工程内设置排污口是否取得有关水利工程管理部门同意。

2. 大气污染监理 ……………………………………………………………………

环境监理人员应掌握大气污染物的产生源、形式、位置，以及与周围敏感保护区的相对关系，检查大气污染防治方案是否按环保设计中确定的方案进行；分辨施工技术、施工工艺、施工设备是不是造成大气污染的主要原因；监督施工单位对临时性产尘点是否采取相应的防护措施（如增设铺尘设备、增加洒水次数等）；监控工程施工区的大气环境质量达标情况。在工程施工期间，伴随着土方的挖掘、装卸和运输等施工活动，扬尘将给周围的大气环境带来不利影响。因此，必须采取合理可行的污染防治措施，尽量减轻其扬尘污染的影响范围。

3. 环境噪声监理

环境监理人员应掌握噪声源的强度、位置、类型（固定、移动、瞬时、连续），以及与周围敏感点（居民点、文教区、行政办公区、敬老院、医院等）的相对关系；了解并熟悉环保设计中制定的噪声防治方案（隔声墙、吸声屏障、减振座等），监督其到位情况及防治效果；对施工期主要高噪声设备布局、使用时段及行经路线进行监控，尽可能降低和缓解对附近居民以及野生动物产生的影响。

4. 固体废物监理

环境监理人员应掌握工程固体废物的产生类别、成分、特性，以及处置方式、去向。施工期固体废物环境监理内容主要包括：工程弃渣及时转运至环保设计选定的渣场；垃圾桶、垃圾收集与转运设施的设置和建设满足设计要求；建筑垃圾及时清理，由建设单位回收；生活垃圾定期清倒，经统一收集后外运至生活垃圾填埋场，不得随意堆放。

5. 人群健康监理

环境监理人员应检查施工人员饮用水是否达标；检查施工区灭蚊、灭蝇等情况及是否严格控制食堂与公厕、垃圾桶的距离；检查从事餐业的人员有无健康证及健康情况，食品制作过程有无卫生保障措施；检查施工人员疫情建档率是否达100%，抽查检疫人数是否占总人数的10%以上；检查长期从事砂石加工、混凝土拌和的工人有无患肺结核等职业病记录；检查施工区医疗急救站建立情况，采取了哪些急救和防范流行病的措施等。

（四）环保设施监理要点

环境监理人员应监督检查项目施工过程中环境污染治理设施、环境风险防范设施是否按照环评及批复要求建设。检查废水、废气、噪声、固废等环保设施的建设规模、质量、进度是否按照要求建设，是否符合“三同时”原则。

（五）环境管理要求

环境监理人员应要求各施工单位成立由项目经理挂帅的环保工作领导小组，并制定专门的人员负责日常工作；制定污染事故应急处理措施；制定职工的环保培训、教育、宣传计划；定时上报环保措施落实情况等。施工前，应要求施工单位对所在区域的动植物物种、地下水和地表水体分布、土壤性质和区域气候等环境因素进行调查和识别，评估施工活动可能会造成的影响。对于涉及自然保护区、水源地等环境敏感区的项目，环境监理单位应督促施工单位提前办理施工许可手续；监督施工单位按有关法律、法规的规定在环境敏感区施工，在施工过程中采取必要的保护措施；施工完毕后，监督施工单位按要

环境监理工程师实践感言

求进行恢复。施工单位在施工期间如发现新出土的文物或遗迹，应立即停止施工，并应通知监理和文物保护部门。

第二节 道路类建设项目环境监理

一、道路类建设项目概述

（一）行业概况

随着近现代高速公路和铁路的大规模建设，道路交通行业环境保护工作逐渐受到更多关注。但相比于建设项目可行性研究时期的环境影响评价和运营期的竣工环境保护验收，施工期的环境保护工作较为薄弱。2003—2008年青藏铁路工程项目试行了“环境监理”，试点成效主要体现在环境监理的体制、项目内部管理协调结构、监理内容、程序与方法等方面。2006年，交通部发文《关于在公路水运工程建设监理中增加施工安全监理和施工环保监理内容的通知》（交质监发〔2007〕158号），从制度、人员、资质等方面对环境监理工作提出了明确的要求。

道路建设类项目具有的共同特点是：①占用生态资源。其所占用的资源往往包括土地、水域和岸线、空域以及地下空间。②生态环境影响明显。道路工程往往涉及江河、湖泊、山地、森林、海洋等多种自然面貌和生态环境，项目的实施可能对周围生态环境产生不同程度的负面影响。

（二）工程组成

1. 公路项目工程组成

公路项目工程组成主要分为线路、路基、路面、桥涵、隧道、交叉工程和沿线设施等。

（1）线路。公路路线中线的空间位置，由公路中心线经过的地点连接而成。公路路线在设计阶段非常重要，它关系到工程的具体位置、工程量和工程造价，同时关系到项目占地、与环境敏感点的关系、植被破坏、取（弃）土量和水土流失等环境敏感问题。

（2）路基工程。路基是按照最佳线路位置和一定技术要求修筑的带状构造物，是路面的基础，承受由路面传递下来的行车荷载，分为路堤、路堑和半填半挖等形式。

（3）路面工程。路面是各种筑路材料铺筑在公路路基上供车辆行驶的构造物。路面的种类多种多样，其施工方法不尽相同。以沥青混凝土路面为例，其施工的主要工序包括原料（沥青、集料、矿粉及外加剂）进场及质检、搅拌场的选址与布置、沥青混合搅拌制、沥青混合料运输与摊铺和混合料压实成型等。

（4）桥涵工程。桥梁是为公路跨越河流（湖泊、海洋等）、山谷、公路、铁路、城市道路等天然或人工障碍物而建造的建筑物。桥梁包括人行桥、跨线桥和高架桥。涵洞是主要为宣泄地面水流而设置的横穿路堤的排水构造物，有管涵、拱涵、箱涵和盖板涵等形式。按水流状态分为无压力式涵洞、压力式涵洞、半压力式涵洞和倒虹吸涵洞。桥涵施工影响主要是桥基施工对水环境产生影响。

（5）隧道工程。隧道是为道路从地层内部或水底通过而修筑的建筑物。隧道主要由洞身和洞门组成。洞门是为保持洞口上方及两侧路堑边坡的稳定，在隧道洞口修筑的墙式构造物。

（6）交叉工程。交叉工程包括平面交叉和立体交叉。平面交叉是公路与公路在同一平面上的交叉，立体交叉是公路与公路或铁路在不同高程上的立体空间交叉。

（7）沿线设施。沿线设施是指公路沿线交通安全、管理、服务、环保等设施的总称，包括交通安全设施、服务设施和管理设施三种。

2. 铁路项目工程组成

铁路项目根据内容和层次不同，从大到小可以划分为：建设项目、单项工程、单位工程、分部工程、分项工程等。

（1）建设项目。建设项目是指具有计划任务书和总体设计，经济上实行独立核算，行政上具有独立组织形式的建设单位。在铁路工程建设中通常以一个独立的工程(一条铁路）作为一个建设项目。

（2）单项工程。单项工程是指具有独立设计的设计文件，建成后能独立发挥生产能力和效益的工程。如铁路工程建设中的大中型桥梁、隧道工程等。它是建设项目的组成部分。

（3）单位工程。单位工程一般是指不能独立发挥生产能力或效益，但具有独立施工条件的工程。如隧道单项工程可分为土建工程、通风和照明单位工程。

（4）分部工程。分部工程一般是按单位工程的各个部位划分的。如基础工程，桥梁上、下部工程，路面工程，路基工程等。

（5）分项工程。分项工程是按工程的不同结构、不同材料、不同施工方法划分的。如基础工程可划分为围堰、挖基、基础填筑等分项工程。

铁路项目工程组成主要包括线路及轨道、站场、桥涵、隧道、电气化、综合维修设施、给排水、房建等。临时工程包括取土场、弃土场、隧道弃渣场、制梁场、制板场（为无渣轨道等高速铁路特有）、拌和站、铺轨基地、铁路岔线、栈桥、汽车运输便道等。

二、道路类建设项目不同阶段环境监理要点

（一）准备阶段

施工准备阶段的环境监理要点是做好“事前控制”，充分体现“预防为主”的管理理念，包含严格审查施工组织设计中的环保方案，组织环保技术交底，严格管理临时工程，确保临时工程设置合理以及环保措施方案合理、得当。

为做好“事前控制”，需做好以下几点：

（1）开工前，施工单位与道路建设总指挥部、地方环保局及施工单位内部各级之间必须签订有明确管理措施和环保目标要求的《环保责任书》。

（2）主体工程的施工组织方案中，要根据工程项目中环保的自身特点，提出明确的环境保护措施，施工组织设计方案的审核中要有明确的环保方面的批复意见。不符合环保要求的施工组织设计不得批准施工。

（3）施工临时工程开工前，施工单位按照相关环保要求填写《环境保护计划报审单》报环保监理工程师审查。

（4）施工便道、营地、场地的平面布置和重点施工工艺的环保措施以及沙石料厂的选择必须经审核或优化设计，并由组织部门批准方可组织实施。

（二）施工阶段

工程施工阶段，重点是做好“事中控制”。加强对施工过程中的环保监督管理，狠抓制度兑现和落实，确保施工行为、施工工艺对环境的影响最低。

监理工作以日常的现场检查为主，对检查过程中发现的环境问题，下发《环境监理通知书》，及时督促施工单位进行整改和追踪检查。工程监理在每月的工程监理月报中必须对各施工单位的环保效果进行评价。环境监理单位定期或不定期地对施工单位各工点环保措施落实情况进行检查，对存在的问题下发《环境监理通知书》，并对整改情况实施监督检查。道路建设总指挥部不定期组织对沿线工点环境保护情况的检查，对已经出现或将要出现的环境保护问题，及时下发通知，督促责任单位做出整改或加强防范，利用《监理简报》向全线通报环保突出问题，推广环保先进经验和好的做法；同时委托具有相应监测资质的机构对沿线江河水质、水土流失情况以及野生动物进行监测，为评价和改进施工中的环保工作提供依据。

为了做好施工阶段的环保管理，需做好以下几点：

（1）施工单位和监理单位要做好环境保护实施记录（包括影像资料）及文档的管理，详细记载施工前、后的环境状况以及各种环境保护措施的执行情况等。

（2）环境监理单位每季度应根据每个施工标段和重点结构物的环保工作质量，填写

《期中环境保护质量评价表》。施工中破坏环境和环境恢复不及时的，由现场工程监理根据其程度，在《期中环境保护质量评价表》中估列环境恢复费用，总指挥在季度验工计价中予以扣除，用于安排其他单位和人员进行恢复。

（3）环境监理单位除进行现场的日常环保监理工作以外，应每月向总指挥提交《环境监理月报》。《环境监理月报》的内容应包括环境保护的执行情况和环保工作中存在的主要问题及建议。每季度提交《环境监理季度报告》。

（4）环境监理单位会同工程监理每月组织召开一次工地例会（必要时总指挥派人员参加），及时处理施工过程中出现的环境保护问题。除例行的工地例会外，可根据需要，由环境监理组织召开环保专题会议。

（三）验收阶段

验收阶段的工作重点是做好验收把关，组织开展环保内部验收，对环保工作质量进行全面评定。对于环境恢复和环保措施施工质量不合格的提出整改意见，并监督落实。

为做好验收阶段的环保工作，需做好以下几点：

（1）每个单位主体工程或临时工程完工前，施工单位要按照相关环境恢复要求，填写《环境保护验收单》报环保监理工程师审查。

（2）对未完成环境恢复的主体工程和大型临时工程，不进行项目的竣工验收。

（3）工程完工后，环境监理和工程监理单位必须分别提出各标段工程的《环境保护监理报告》，对施工前、后环境变化进行分析，做出施工对环境影响的分析报告，并附上相关影像资料说明。

（4）每个标段内的工程完工后，由总指挥组织设计，工程监理、环境监理及施工单位组织环境保护验收组，并邀请地方环保部门参加，进行预验收。工程施工期的环保和水保工作验收合格后，施工单位方可正式撤离现场。

三、道路类建设项目环境保护相关法律法规、标准及技术规范

道路类建设项目环境保护相关法律法、标准及技术规范主要如下：

- 《中华人民共和国环境保护法》，1989年12月
- 《中华人民共和国环境影响评价法》，2003年9月1日
- 《建设项目环境保护管理条例》国务院第253号令，1998年11月
- 《建设项目竣工环境保护验收管理办法》，国家环保总局13号令，2017年11月
- 《交通行业环境保护管理规定》（交环保发〔1993〕1386号）
- 《交通建设项目环境保护管理办法》，2003年6月1日

·《交通部环境监测工作条例》，1987年2月27日

·《关于开展交通工程环境监理工作的通知》（交环发〔2004〕314号）

·《关于在公路水运工程建设监理中增加施工安全监理和施工环保监理内容的通知》（交质监发〔2007〕158号）

·《公路工程施工监理规范》（JTG G10-2006）

·《公路环境保护设计规范》（JTG B04-2010）

·《公路工程技术标准》（JTG B01-2003）

·《公路路基设计规范》（JTG D30-2004）

·《公路隧道设计规范》（JTG D70-2004）

·《公路路线设计规范》（JTG D20-2006）

·《公路路基施工技术规范》（JTG F10-2006）。

四、公路建设项目施工阶段环境监理要点

（一）施工准备阶段环境监理要点

1. 施工招投标

在施工招投标的时候需要注意编制工程环境监理计划，复核施工合同中的环保条款，复查施工标段现场环境敏感点和保护目标。也应该审查承包商在施工组织设计中的环保措施、施工期环境管理计划，并且审查分项工程开工申请中的施工方案及相应环保措施。

2. 施工营地建设

施工营地建设不仅需要对选址及占地规模进行审批，也应该对营地的场界噪声是否达到国家标准、营地产生的生活污水是否达到标准、有关要求及处理设施建设情况进行检查。环境监理人员应监督检查施工营地生活垃圾的集中堆放和处置情况。生活垃圾堆放场地地面应硬化，并设雨棚。垃圾堆放点应无直通沟道与邻地相通，不得向垃圾堆放点内排放生活污水。

3. 预制场和拌和站建设

在建设预制场和拌和站的时候应该审批其选址及占地规模，检查噪声是否达到国家标准、施工期产生污水是否达到国家标准、预制场是否建设有沉淀池。还应该注意检查施工期设备的污染物排放是否符合国家标准中的一级标准，并且检查拌和设备是否采用密封作业和除尘设备、沥青拌和站下风向300m是否有居民点和学校等敏感点。

4. 施工便道修筑 ……………………………………………………………………………………

修筑过程中需要检查两侧声环境敏感点的声环境质量是否满足国家标准的规定、施工便道布设是否满足施工图的规定；严格控制施工道路修筑边界。常见的施工便道及施工栈道如图7-1所示。若在旱季，需要检查监督定期洒水情况，控制道路扬尘，检查两侧环境空气敏感点是否达到国家标准。

（a）施工便道

（b）跨江大桥段施工栈道

图 7-1　道路建设中的施工便道和施工栈道

5. 临时材料堆放场 ………………………………………………………………………………

需要检查材料仓库和临时材料堆放场地是否采取防止物料散漏、污染的措施；沥青、油料、化学物品等不得放在民用水井及河流附近，并采取措施，防止雨水冲刷进入水体；检查水泥和混凝土运输是否采用密封车，采用敞篷车运输时，是否用幕布遮盖严密。

6. 取土场 …………………………………………………………………………………………

监理人员应该进一步核实确认取土场的位置，检查取土场的排水设施情况。

（二）路基工程施工阶段环境监理要点

1. 施工期准备 ……………………………………………………………………………………

审查承包商的路基工程开工实施性施工组织设计的环保措施，在挖方路基开工前至少14天，承包商应将开挖工程断面图报环境监理工程师及业主批准，未得到正式书面通知前不得开挖，否则，后果由承包人自行承担；检查施工测量控制线，设置明显的路基征地范围界桩；审查承包商的新增临时用地计划，监督承包商办理相关征地手续。

2. 场地清理 ………………………………………………………………………………………

检查清理现场工作界限，确定需要保留的植物及构造物；检查地表清理作业情况，禁止跨越红线作业；检查剥离表土层是否运至指定集中堆放点保存，并做好排水设施，达到设计堆放高度后是否采取覆盖或临时植被恢复措施。此外，需要监督承包商在拆除旧通道及排水结构物前做好新的通道和排水设施，确保正常交通和排水。

3. 路基开挖 ……………………………………………………………………………………

环境监理人员需要检查路基施工中的临时排水设施，施工场地流水不得排入农田、耕地或污染自然水体，也不应引起淤积、阻塞和冲刷；检查在雨水地面径流处开挖路基时，是否及时设置临时土沉淀池，是否及时设置排水沟及截水沟，避免边坡崩塌或产生滑坡；监督施工土石方是否按平衡进行调运，检查是否按指定地点弃渣。若监督承包人在路基开挖施工中发现文物古迹，应当报当地文物部门处置；检查施工现场200m之内的居民点、学校的环境噪声是否满足国家标准要求，监督承包商在敏感点场地采取减噪措施，禁止高噪声机械设备夜间施工。

4. 路基填筑 ……………………………………………………………………………………

检查承包商雨季施工时，是否及时掌握气象预报资料，按降雨时间和特点实施雨前填铺的松土压实等防护措施；审批取土场选址，监督承包商是否按指定地点取土，是否做好路基边坡防护工程；监控取土面积和深度。检查路基填筑完工后，是否及时按设计要求开展防护工程施工。填方高度较小的填方地段可采用较缓的坡比，使其平纵面的线性与原地貌圆顺过渡，避免出现起伏和折点。在施工完成后，监理人员需要检查承包商是否及时开展植物防护工程施工，并对植物防护工程的质量进行检验评定。

（三）路面工程施工阶段环境监理要点

1. 施工前准备 …………………………………………………………………………………

审查承包商的路面工程开工实时性以及在施工组织设计中的环保措施。

2. 路面基层施工 ………………………………………………………………………………

检查施工现场200m之内的居民点、学校的环境噪声是否满足国家标准要求，监督承包商在敏感点场地采取的减噪措施，禁止高噪声机械设备夜间施工；检查石灰、粉煤灰等路用粉状材料运输和对方是否采取遮盖措施，其混合料是否集中拌和。

3. 沥青路面施工 ………………………………………………………………………………

检查施工现场200m之内的居民点、学校的环境噪声是否满足国家标准要求，监督承包商在敏感点场地采取的减噪措施，禁止高噪声机械设备夜间施工；检查施工现场200m之内的居民点、学校的环境空气质量是否达到国家标准要求，监督承包商在旱季施工时对施工场地和施工便道每天定时洒水；检查施工期产生的污水是否达到国家标准要求，禁止施工污水及路面径流直接流入河流中；禁止沥青材料废渣进入水体；注意风积沙是否覆盖路面，对周围植被产生破坏；监督检查沥青摊铺路过程中的施工人员保护措施。

（四）桥涵工程施工阶段环境监理要点

（1）施工前准备。审查承包商桥涵工程施工方案和实施性施工组织设计中的环保措施；检查桥梁附近的施工营地或施工现场是否远离水体，若不得不布设在水体附近，产生的污水、粪便严禁排入水体，生活污水、粪便必须经化粪池处理后方可纳入市政污水管网。

（2）检查施工现场200m之内的居民点、学校的环境噪声是否满足国家标准要求，监督承包商在敏感点场地是否采取减噪措施，如设置隔声屏障和防护网（见图7-2），禁止高噪声机械设备夜间施工；架桥施工时应设防护网，不让杂物掉进河中，铺路面、路面养护时也不能让废水流入河流。

（3）对桥梁施工机械严格进行检查，防止油料泄漏。严禁将废油、施工垃圾等随意抛入水体。

（4）检查桥梁施工中的工程用水经沉淀池沉淀后方可排放，涵洞出口流速较大时，必须在进出口进行加固，防止冲刷。

（5）对于不可避免的河道及河岸开挖工程，检查承包商是否明确并严格控制开挖界线，不得任意扩大开挖范围。

（6）检查施工期间承包人采取的维护天然水道并使地面排水畅通措施；检查钻孔灌注桩施工中产生泥浆的处置情况，孔中污水不得直接排入水体中。

图 7-2　道路建设工程中的隔声屏障和防护网

（7）监督混凝土的灌注施工，溢出的泥浆应引流至适当地点处理。承包人不得随地排放泥浆污染周围环境，而应排放至专设的泥浆池内循环使用，待钻孔桩施工完成后，应回填泥浆池，恢复植被。

（8）基坑开挖及挖孔桩施工时，挖出的土石方不允许横向弃土压盖周围的丛林、灌木，而应运至指定的弃土场丢弃。基础施工完工后应回填基坑并将建筑垃圾清除到弃土场。

（9）检查基础开挖产生的废方及泥浆是否运至指定地点堆放，是否有随意丢弃河流中或岸边的现象；全部堆放完毕后是否采取绿化或复垦措施；施工过程是否造成水体生物死亡，是否造成水生植物大面积减少，水生动物死亡。

五、铁路建设项目施工阶段环境监理要点

（一）铁路路基工程环境监理要点

路基边坡防护工程施工过程中，环境监理人员应对护坡材料进行检验，对骨架的深度、宽度、位置进行现场验收，确保施工质量符合设计图纸和验收规范要求。排水工程施工过程中，环境监理人员应对沟槽开挖、混凝土浇筑等重点部分和关键工序进行旁站监理，对每个排水设施的接口处进行重点监测，保证内部排水体系通畅、与外部排水体系顺接、涵洞不积水等关键控制环节，以便实现整个排水体系畅通、确保铁路运营安全的目标。对于路边绿化工程，环境监理人员应根据路基绿化工程设计图纸，对绿化部位、苗木品种、苗木数量、栽种株距等进行检查验收，对苗木的成活情况进行核查,及时督促绿化施工单位对成活率不足的进行补种并复验合格。路堑开挖设计采用爆破方法时，环境监理人员要监督施工单位不得采用扬弃爆破，以防止开挖界以外的生态环境遭到破坏。

（二）桥梁工程环境监理要点

环境监理人员应重点关注以下几个方面：施工营地严禁设在饮用水水源保护区内；在河流的外堤脚内不准给施工机械加油或存放油品储罐，不准在河流主流区和漫流区内清洗施工机械；涉水工程尽量选择在枯水期；必要时采用双壁钢围堰等不涉水施工工艺进行施工；桥墩施工中产生的泥浆、岩浆和废渣要用船运到岸边临时工场，临时工场设置沉淀池和干化堆积场；桥梁施工结束后，及时进行场地清理。清除围堰等水中杂物，对原有河道、沟渠进行清淤，保证水流畅通；桥下渣土进行桩基回填、多余渣土外运处置，桥下恢复。

（三）隧道工程环境监理要点

环境监理人员应重点关注以下几个方面：隧道出渣及利用与各用渣工程在时间上相协调，若隧道弃渣临时堆砌时，应设临时防护措施。严禁河道弃渣,雨季弃渣应随弃随防护，不得施工结束时才防护；隧道弃渣应选择地势低洼、无地表径流、植被稀疏、适当远离线

路的地方堆砌，弃渣完成后需做好坡脚挡护，达到设计挡护要求。渣顶采取平整覆盖并设排水沟,避免过量堆砌而滑塌，采取复垦绿化；隧道洞口尽量不刷边仰坡，减少对原地貌和植被的扰动；道进（出）口应设置沉淀池，高浊度废水进行沉淀处理后排放；隧道钻孔及爆破扬尘应按设计要求喷水降尘或经除尘设备处理后排放；废油应使用吸油材料吸附，并与浸油材料一同收集，密封清运。

（四）施工便道工程环境监理要点

环境监理人员应监督检查施工便道是否尽可能利用既有的乡村道路、机耕道，新建便道在满足工程需要的前提下应尽量控制道路宽度，减少扰动范围；新建施工便道边坡是否进行植草防护，增设排水沟；施工后对需要恢复为原用地属性的施工便道是否采取撒播草籽和复耕，复耕覆土厚度是否不少于0.3m。

（五）施工营地工程环境监理要点

环境监理人员应对施工营地的安扎和建设情况进行监督检查，主要关注以下几个方面：

（1）检查施工营地、场地审核批准文件。施工营地选址时，尽量利用工程永久占地、闲置场地或荒地。施工场地下游出水口应设置临时沉沙池，雨季定时清理沉沙,施工场地完工后进行填埋。

（2）检查生产、生活设施是否符合环保要求，如施工营地和施工场所在敏感点附近施工的作业时间是否对敏感点造成影响，生活污水是否合理利用或妥善处理，生活垃圾是否妥善收集后及时按环保要求清运，燃煤生活锅炉房是否采取除尘措施。

（3）检查施工营地、场地环境管理制度及环境保护宣传教育。

（4）检查施工结束后施工单位是否清除建筑垃圾，对土地进行整治，恢复原有借用土地的功能。

（六）取、弃土（渣）场环境监理要点

（1）检查取、弃土（渣）场设置方案是否经相关部门审核批准。

（2）检查施工前后临时施工场地的文字影像资料，以备恢复时参考。

（3）检查表土（耕作层）堆放保存情况。

（4）监督核查取弃土场的位置、面积及取土深度；监督核查便道位置长度和宽度等是否符合设计和批复。取土场在施工过程中要求做到随取随平整，周界规则，取土完毕后，利用保存的耕作层土进行土地复耕或植被恢复。弃土（渣）场要做到顶面平整,坡面平、顺、直，并对弃土（渣）场顶面和坡面及时进行土地复耕或植被恢复。

（5）施工便道应采取适当洒水抑制扬尘，以减少扬尘的污染程度。

（6）检查弃土（渣）场挡护工程措施的落实情况，是否先挡后弃。

（7）检查施工完毕后平整清理及植被恢复情况。

（七）制梁场、拌和站环境监理要点

（1）检查表土（耕作层）堆放保存情况。

（2）检查施工便道根据施工季节采取的洒水抑制扬尘措施落实情况。

（3）检查石料场产生的废渣是否及时清运到指定地点并做好防护,不得随意堆放。

（4）检查施工完毕的复垦情况,并经评估合格后方可退还。

六、公路建设项目环境监理实例

这里，我们提供了某公路建设项目的环境监理实施方案及其环境监理总结报告的全文，读者可以扫描二维码查看。读者在阅读该案例时，可以思考并回答以下问题：

（1）该项目环评批复的内容有哪些?

（2）环境监理实施方案如何确保环评批复的有效达成?

（3）该项目的环境影响敏感点有哪些?

（4）该项目的生态保护措施有哪些?

（5）该项目在环境监理工作开展之前做了哪些准备工作?

（6）针对施工期污染防治措施，环境监理需要关注的内容是什么?

（7）针对施工便道和沥青搅拌站的设置，环境监理关注的内容是什么?

（8）针对施工中的泥浆，环境监理需要关注的内容是什么?

（9）环境监理需要关注该项目哪些环保措施的“三同时”执行情况?

（10）该项目的环境影响评价及其批复文件的落实情况如何?

某公路建设项目环境
监理实施方案

某公路建设项目环境
监理总结报告

第三节 水利水电类建设项目环境监理

一、水利水电类建设项目概述

（一）行业概述

1. 水利工程定义

水利工程即为防治水害和开发利用水资源而修建的工程。自然界的水在空间和时间上的分布及其在自然界的存在状态，不能完全适应人类的需要。为了防治水旱灾害并合理利用水资源，以满足人类生活、工农业生产、交通运输、能源供应、环境保护和生态建设等方面的需要，常需统筹规划，因地制宜地修建一系列水利工程。

2. 水利水电工程的分类与组成

水利工程按其服务对象可分为：①防治洪水灾害的防洪工程；②为农业生产服务的农田水利工程，亦称灌溉排水工程；③将水能转化为电能的水力发电工程；④为人类生活和工业用水及排泄、处理废水和雨水服务的城镇洪水及排水工程；⑤为水运服务的航道及港口工程等。此外，很多水利工程具有综合利用效益，称为综合性水利工程。

水利工程主要由各种类型的水工建筑物组成。按服务对象可将水工建筑物划分为服务于多种目标的通用性水工建筑物和服务于单一目标的专门性水工建筑物。

（1）通用性水工建筑物主要有如下几种：

①挡水建筑物，如拦截水流、抬高水位、调蓄流量的拦河坝、拦河闸、节制闸，挡御河水、海浪的堤防、海塘等。

②泄水建筑物，如用于宣泄水库、湖泊、河道、渠道、涝区的洪水和涝水，或为降低这些水体的水位而设置的溢流坝、溢洪道、溢洪堤、泄水闸、泄水隧道、泄水涵管、分洪闸、排水闸、排水泵站及排水（洪）渠道等。

③取水建筑物，如从水库、湖泊、河流、渠道取水的进水闸、分水闸、隧道、扬水泵站等。

④输水建筑物，如将取用的水输送至用水地点的输水渠道、管网、隧道、涵管、渡槽和倒虹吸等。

⑤整治建筑物，如控制水流、改善河道以及减免水流对河岸、河床、库岸、海岸的冲击和淘刷等不利影响的堤防、海塘、丁坝、顺坝、导流堤和护岸等。

（2）专门性水工建筑物主要有如下几种：

①为水力发电服务的压力前池、压力管道、调压室和水电站厂房等。

②为城镇供水及排水服务的沉淀池、配水管网、污水处理厂和排污管渠道等。

③为航运服务的船闸、升船机、船坞、码头和防波堤等。

④为过土、过雨服务的筏道、鱼道、鱼闸等。

此外,农田水利专用的管道灌溉、喷灌、滴灌等灌溉设施,以及水土保持、环境水利、水产养殖等设施。

（二）工程概述

水利水电工程环境监理需要了解工程建设的必要性、工程在流域规划中的地位与作用、工程任务和规模、工程组成与内容、工程布置及主要建筑物、工程施工布置及工程量、工程运行方式、移民拆迁安置规划等。

水利水电开发对环境的影响，主要是由于水资源利用方式的改变或兴建大坝而引起的。其主要环境影响有如下几点：

（1）大坝及其他构筑物阻隔河道对水生生态的影响：修建大坝改变了河流的基本水文特征（河水流速降低，下泄水的水量、水温、浊度和水质都发生了变化），导致河流下游生态环境系统的结构和功能发生重大变化，从而改变了原有水生生物生境；筑坝建库，库区水面扩大，水深增加，河流流速变缓，使污染物的扩散能力减弱，库区水域污染物浓度、分布都将发生变化；大坝还使水库水生生物群落与大坝下游河道水生生物处于割断状态，更阻断了洄游性鱼类的洄游通道，影响其生长和繁殖，甚至对其生存带来威胁。

（2）工程占地、水库蓄水淹没与移民对陆生生态的影响：工程占地、水库蓄水淹没往往影响大片森林植被，从而直接影响陆生生物生存。水库蓄水淹没引起大批居民搬迁和安置，需要大量新开发田地，导致土地资源结构发生变化。如果安置不当，会造成库区乱垦滥伐，加剧水土流失。

（3）工程运行对水环境的影响：水库兴建后，由于水库的调节运行，原河道在时间、空间上的分布将发生变化。库区水域的水环境承载力减小，相同污染负荷条件下水域污染范围扩大，局部水环境恶化；回水区水体因流速小处于相对静止状态，造成进入水体的污染物质不易扩散，大量污染物质进入水体易造成较为严重的污染问题。大坝建成后，通过水库的径流调蓄作用，大坝下游河段径流的年内分配趋于均化，特别在枯水期，下泄流量较天然状况有较大的增加，将利于增加水体的稀释自净能力，提高水环境容量。

（4）水库修建对社会环境的影响：有些水库的兴建，会淹没许多村庄、大片良田和一些基础设施，使库区粮食产量急剧减少，人地矛盾突出。

（5）水利水电工程施工对环境的影响：施工过程产生的生产废水及未经处理的生活污水等排入江河，影响河流水质；工程施工将破坏施工区附近的地表植被，产生的弃渣处理不当，将引起严重的水体流失；水电站施工过程中产生的噪声、粉尘等也是不可忽视的问题。

（6）其他环境影响：淹没文物古迹、风景名胜、自然保护区等；兴建水库引起局地气候变化或地下水位上升，导致土壤浸渍、沼泽化、盐碱化、土壤水分和湿润程度的变化等。水库蓄水还可能引起水库诱发地震、库岸崩塌滑坡和泥石流、水库渗漏等环境地质问题。

二、水利水电类建设项目环境保护相关法律法规、标准及技术规范

水利水电类建设项目环境保护相关法律法规、标准及技术规范主要如下：

·《中华人民共和国环境保护法》，1989年12月

·《中华人民共和国环境影响评价法》，2003年9月1日

·《建设项目环境保护管理条例》，国务院第253号令，1998年11月

·《建设项目竣工环境保护验收管理办法》，国家环保总局13号令，2017年11月

·《中华人民共和国水法》，2002年修订

·《中华人民共和国水土保持法》，1991年

·《中华人民共和国野生动物保护法》，2004年修订

·《中华人民共和国土地管理法》，1998年、2004年两次修订

·《中华人民共和国文物保护法》，2002年

·《中华人民共和国传染病防治法》，2004年修订

·《中华人民共和国森林法》，1998年修订

·《中华人民共和国渔业法》，2000年、2004年两次修订

·《中华人民共和国草原法》，2002年修订

·《〈中华人民共和国水污染防治法〉实施细则》，国务院令第284号，2000年3月20日

·《中华人民共和国自然保护区管理条例》，国务院令第167号，1994年10月9日

·《风景名胜区条例》，国务院令第474号，2006年9月19日

·《饮用水源保护区污染防治管理规定》，国家环保局、卫生部、建设部、水利部、地矿部，〔89〕环管字第201号，1989年7月10日

·《环境影响评价技术导则》，HJ/T 2.1-2.3-493

·《环境影响评价技术导则》，HJ/T 2.4-1995

·《环境影响评价技术导则——非污染生态影响》，HJ/T 19-1997

·《水利水电工程环境影响评价技术规范》，SDJ 302-88

·《环境影响评价技术导则——水利水电工程》，HJ/T 88-2003
·《水工混凝土施工规范》，SDJ 207-82
·《水利水电工程施工测量规范》，SL 52-93
·《水利水电工程施工组织设计规范》，SDJ 338-89
·《水利水电工程施工质量评定规程》，SL 176-1996
·《水利水电建设工程验收规程》，SL 223-1999
·《水利工程建设项目施工监理规范》，SL 288-2003

三、水利水电类建设项目环境监理要点

（一）生态保护措施环境监理要点

水利水电建设工程项目生态保护措施环境监理内容主要包括陆生生态保护环境监理、水生生态保护环境监理、农业生态环境保护环境监理、水土保持及生态恢复环境监理。

1. 陆生生态保护环境监理要点

陆生生态保护环境监理主要包括：陆生动物及其生境保护以及植被与陆生植物保护。前者包含野生动物迁地保护和就地保护、工程施工和移民安置区严禁捕猎野生动物、减少施工爆破对动物的惊扰、做好生物多样性保护与生态安全。后者植被与陆生植物保护是指珍稀、濒危和特有植物保护，森林、草原植被保护。它主要包含迁地保护和就地保护措施，建立专门的自然保护区或树木园，保护工程区现有的森林、草原植被等措施。

2. 水生生态保护环境监理要点

水生生态保护的重点是受工程影响的珍稀、濒危和特有水生生物，特别是国家重点保护的水生生物种群，具有重要经济价值的鱼类产卵场、索饵场、越冬场和洄游鱼类的洄游通道，水生生态自然保护区。

其主要措施包括流域的统筹规划、鱼类和其他水生生物繁殖、育肥及人工增殖措施、洄游性鱼类保护及过鱼设施、替代生境、水温变化和气体过饱和减缓措施、建立鱼类自然保护区和其他栖息地保护措施、生态用水保障措施。

3. 农业生态环境保护环境监理要点

农业生态环境保护以土壤和土地保护为主。其中，尤以基本农田保护最为优先。农业生态环境保护主要内容有重视农田保护、恢复非永久性占地的生产力、改善农田条件、减缓低温水灌溉的措施等。

4. 水土保持及生态恢复环境监理要点

水土保持及生态恢复应遵循“防治结合、安全稳定、生态优先、因地制宜、适地适树（草）、经济高效”等原则，针对工程引起的水土流失、生态破坏采取相应措施。建设项目一般都要进行水土保持专项调查评价和方案编制。环境监理单位应监督建设单位严格落实水土保持专项方案的内容。

（二）污染控制环境监理要点

关于水利水电工程类项目的污染控制环境监理内容主要包括水污染控制监理、大气污染控制监理、噪声污染控制监理、生活垃圾处理环境监理。

1. 水污染控制监理要点

水利水电工程施工期对水环境的影响包括生产废水和生活污水排放所产生的影响。环境监理人员监督检查生产废水和生活污水的处理措施，以达到保护水环境的目的。其水环境保护标准及目标是按废水处理后直接排放和废水处理后回用两种情况，监督检查有不同的执行标准。此外，环境监理人员应确定水利水电工程的废水量及废水特性，针对不同的对象分别监督检查废水的处理措施及达标情况。

2. 大气污染控制监理要点

施工区大气环境保护应针对水利水电工程施工区环境空气污染源分散、难以采取集中末端处理的特点，从施工工艺、施工技术、施工设备、污染物消减、施工区及外环境敏感区防护等多方面采取措施，减免环境空气的污染。其监理要点包括：爆破开挖粉尘的消减与控制、燃油废气的消减与控制、交通粉尘消减与控制、沙石骨料加工与混凝土加工系统粉尘消减与控制。

3. 噪声污染控制监理要点

水利水电工程施工区噪声污染源数量较多且分散，声环境保护措施应从噪声源控制、阻断传声途径和保护敏感对象着手，最大限度地减免施工噪声影响。其声环境保护措施主要包括交通噪声控制、爆破噪声控制、辅助企业噪声控制。

4. 生活垃圾处理环境监理要点

环境监理应监督检查施工区生活垃圾的处置，施工单位是否依照环境保护要求处理施工营地生活垃圾，避免垃圾对环境的污染。环境监理监督检查的同时，应了解水利水电工程垃圾产生情况及处理方式。结合水利水电工程施工垃圾产生量相对较少、仅产生于施工期的特点，建议施工单位选择经济、适当的处置方式。

（三）其他监理内容要点

1. 人群健康保护环境监理要点

环境监理应保护当地居民人群健康，保证各类疾病，尤其是各类传染病不因工程建设发生异常变化；保护施工人员健康，防止因施工人员交叉感染或生活卫生条件差引发传染病流行，保证工程顺利建设；减免工程建设及移民对人群健康的不良影响，控制移民安置区现有传染病的发病率，防止新的传染病流行；完善疫情管理以及环境和食品卫生管理；根治传染源，减少疾病传播媒介及滋生地；增强施工人员、工程地区居民和移民安置区人群自我保健意识和防病能力。

工程建设对人群健康的影响可采取卫生清理、疫情监测、传病媒介防治措施（如疏导浅水积聚、切断渗浸水源、调整水位变幅、铲除表面杂草、弃土掩埋、坡面圬工覆盖、药物灭杀、个人防护以及调整水旱作物等）、水源保护和卫生管理等保护措施。环境监理单位应监督上述有效防护人群健康措施的落实。

2. 景观与文物古迹保护措施监理要点

环境监理人员应该了解项目的主要景观保护对象、文物古迹保护对象以及掌握它们的保护措施，监督建设项目所涉及的景观和文物各项保护措施的落实。景观保护的对象主要指工程建设及其影响范围内的自然景观和风景名胜，其保护措施主要有：对受工程影响的风景名胜区，一般采取加强管理、工程防护、异地仿建或录像留存等保护措施；对受工程建设影响的文物古迹，采取发掘、迁移、仿制、工程防护或录像留存等保护措施。

3. 环境监测监理要点

环境监测是水利水电工程环境监理工作的重要内容。环境监理工作中应对项目所在区域及项目影响区域进行定期的环境监测，通过监测数据，了解环境保护措施的实施效果，确保项目的建设对周围环境影响减到最小，为环境监理工作提供科学依据。

环境监测监理的任务包括掌握工程建设区、水库淹没区环境的动态变化过程，为施工期和运行期环境污染控制和环境管理以及流域梯级开发的环境保护工作提供科学依据；及时掌握环保措施的实施效果，预防突发性事故对环境的危害；验证环境影响预测评价结果；为工程区域生态环境的可持续发展研究提供科学依据。

在施工期间，环境监测内容主要为水环境监测、大气环境监测、声环境监测以及水土保持监测。试运行期间，环境监测内容主要包括水质监测、水温监测、水生生物监测、陆生生物监测、人群健康监测。每次监测完成后，环境监理人员应对监测成果进行整理与分析，定期上报。

四、水利水电类开发工程环境监理实例

这里，我们提供了某水电站建设项目的环境监理实施方案及其环境监理总结报告的全文，读者可以扫描二维码查看。读者在阅读该案例时，可以思考并回答以下问题：

（1）该项目环评批复的内容有哪些?

（2）环境监理实施方案如何确保环评批复的有效达成?

（3）该项目环境保护目标与主要环境敏感点有哪些?

（4）该项目的生态保护措施有哪些?

（5）该项目应执行的环境标准有哪些?

（6）该项目施工期和营运期的环境监理要点是什么?

（7）该项目竣工验收准备过程中，环境监理的主要内容有哪些?

（8）该项目环境监理服务费的计算依据有哪些?

（9）环境监理需要关注该项目哪些环保措施的“三同时”执行情况?

（10）该项目的环境影响评价及其批复文件的落实情况如何?

某水电站建设项目
环境监理实施方案

某水电站建设项目
环境监理总结报告

第四节 其他生态类建设项目环境监理

一、输变电工程环境监理

（一）输变电行业概况

近年来，我国有规划地加速电能系统建设，包括提高输电线路电压等级，在现有高压输电线路基础上建设一批超高压和特高压的交流、直流输电线路；输配电建设成网；供电服务范围深入用电负荷，完善电能供给系统。但是，高压电力输变电设施的建设地点逐渐进入城郊，甚至进入市区及民宅小区。某些地区高压架空电力线路林立密集，其环境影响成为备受关注的热点。

输变电工程主要由变电站（开关站）和输电线路组成。输电功能由升压变电站、降压变电站及相邻的输电线完成。输电设备主要有输电线、接地线、光缆、金具、杆塔、绝缘子串等。变电设备有变压器、电抗器（用于330kV以上）、电容器、断路器、接地开关、隔离开关、避雷器、电压互感器、电流互感器、母线等一次设备和电力通信系统等二次设备。

（二）输变电工程环境监理实施要点

1. 输变电工程施工期污染防治环境监理要点

（1）检查电磁污染防治措施落实情况：控制绝缘子表面放电，主变高压配电装置远离居民区；

（2）检查噪声污染防治措施落实情况；

（3）检查污水处理措施落实情况：环境监理应监控变电站站区生活污水处理池和污水事故油池的建设情况；

（4）检查变电站（开关站）供排水工程建设情况；

（5）检查变电站变压器事故油池建设情况：变压器下设有事故油池，事故情况下油污水经事故油池集中后，委托有资质单位回收处理，不得排入环境水体。

2. 输电线路施工阶段环境监理要点

（1）环境监理要监控输电线路工程尽量避开居民区、重要军事设施、无线电台、规划机场、自然保护区、风景名胜区、文物古迹保护单位等环境敏感点；

（2）环境监理应严格监督执行输电线路、通信线路、无线电台等的防护要求和限值规定，保持一定的防护间距；

（3）环境监理应监测输电线路沿线居民住宅或学校电磁场和噪声数值，如果发现有超过环保标准的，应要求建设单位采取有效措施；

（4）在临近居民集中区域施工时，环境监理人员应监督施工方严格遵守夜间施工噪声控制制度，对施工现场进行洒水控制扬尘，对建筑垃圾进行清运，对挖出的土方按照要求回填或堆放，以防止水土流失等。

3. 输变电工程生态保护环境监理要点

（1）重视选址设计期的生态保护措施

变电站和输电线路选线设计对生态环境影响的性质及程度有着决定性意义，这是输变电工程生态环境保护措施中真正以“预防为主”的保护措施。变电站设计时应符合城镇规划的用地类型与用地指标；地址不能在自然灾害危险区和严重的生态不稳定区，同时应该避免水源保护地、自然保护区等环境敏感保护目标。输电线路选线应尽可能避让环境敏感区、地质不良带、军事设施、矿产区、景观敏感区。

（2）关注生态敏感目标的保护措施

施工过程中，对环境影响的敏感目标及其可能受到的施工影响应该逐一实施针对性保护措施。如制定水土保持方案，并在施工过程中贯彻执行；对施工造成的植被损失，水土流失、生物量减少，要根据等量补偿的原则进行植被重建、林木再植，或者通过改善不良植被、抚育残次森林、提高生物量补偿损失。

（三）某输变电工程环境监理实例

这里，我们提供了某输变电工程建设项目的环境监理总结报告的全文，读者可以扫描二维码查看。读者在阅读该案例时，可以思考并回答以下问题：

（1）该项目环评批复的内容有哪些？

（2）该项目的主要技术特征有哪些？

（3）该项目应执行的环境标准有哪些？

（4）该项目环境保护目标与主要环境敏感点有哪些？

（5）该项目的生态保护措施有哪些？

（6）环境监理发现该项目的主要存在问题有哪些？

（7）该项目环评及其批复的落实情况如何？

某输变电工程建设项目
环境监理总结报告

二、港口工程环境监理

（一）港口工程概述

1. 港口工程特点

近几年，我国港口的规模、吞吐能力上了一个新台阶。但在港口建设的同时，如何建设绿色港口，实施港口的可持续发展战略，是关系到人类生存和发展的长远大计，特别是环境保护工作尤为重要。

港口工程施工期间的施工作业对海洋生态的影响主要由以下五个方面造成：①港池及航道的疏浚对施工区底栖生物的影响；②疏浚作业产生的悬浮物对影响区内海洋生物的影响；③施工作业对渔业资源保护区和水产养殖区的影响；④施工作业对珍稀保护动植物的影响；⑤各类施工废水排放对生态环境的影响。

2. 港口工程建设流程简介

一个大型的港口建设项目一般包括港区工程、航道工程、海陆连接通道工程等多个方面。港区工程涉及港区陆域形成及基地处理、码头施工、导流堤建设等几个方面。大桥工程施工内容主要包括建输运码头、现场临设、预制场、构件预制、滩涂段施工、非通航孔工程施工、主辅航孔及变坡段桥工程施工及近岛段桥工程施工和其他辅助工程的施工。航道工程施工主要包括疏浚工程和炸、清礁工程。港外配套工程的施工包括陆域形成、地基处理和道路堆场及生产、生产辅助建筑物施工。

（二）港口工程环境监理要点

港口工程属于生态环境影响较大的建设项目，在我国首次实施环境监理试点的13个国家重点工程中，就有上海国际航运中心洋山港区一期工程。对于港口工程的环境监理而言，其环境监理要点可分为设计文件环保审核阶段、施工阶段环境监理及试运行阶段环境监理。

1. 设计文件环保审核阶段环境监理要点

设计文件环保审核阶段的环境监理是环境监理的一个重要组成部分，在此期间主要进行施工污染防治方案的审核，主要任务是：施工组织设计，具体项目的施工组织设计中应包括“三废”排放环节，排放的主要污染物及设计中采用的治理技术、措施、污染物的最终处置方法和去向以及清洁生产等内容。审核施工承包合同中的环境保护专项条款。审核施工承包单位对环境保护有关要求的专项条款，在施工承包合同中是否充分体现，并在施工过程中据此加强监督管理、检查、监测，减少施工期对环境的污染。

2. 施工阶段环境监理要点

工程施工期的环境监理是环境监理工作的重点。港区工程涉及港区陆域形成及基地处理、码头施工、导流堤建设等几个方面。环境监理人员应依据环评及其批复要求，监督检查爆破工艺是否按规范进行；监督土石方填筑及堆放情况；监督检查是否按设计要求进行固土绿化；监督检查堆弃场位置选择及环保措施；监督检查固体材料及固体废物堆放及处理情况等。码头施工内容包括：水下炸礁、清理；水上抛石作业；码头桩施工；平台码头沉桩；现梁及纵梁浇注；上部结构施工；驳岸抛石及护面；港池挖泥；码头设备安装调试等。环境监理人员应监督检查施工工艺及实施情况，检查鱼损状况和监测水质情况，审查施工方案是否符合环保要求，监督检查施工中产生的淤泥、废渣等固体废物的处理情况，检查水上平台人员生物污水及生活垃圾处理情况等。导流堤建设工程包括开山炸石、导流堤护底石、导流堤抛堤心石等施工。环境监理应重点关注爆破技术是否按要求规范进行，土石方堆放是否按要求进行，对开山后造成的山坡地是否按要求进行固土绿化，防止水土流失等。

大桥工程主要包括建输运码头、现场临设、预制场、构建预制、滩涂段施工、非通航孔工程施工、主辅航孔及变坡段桥工程施工及近岛段桥工程施工和其他辅助工程施工。环境监理人员应重点关注大气环境保护措施、水环境保护措施、固废环境保护措施、声环境保护措施的落实情况，监督检查是否按照对工程所在区域及其影响区域按环评及其批复要求定期实施环境监测。

航道工程主要包括疏浚工程和炸、清礁工程。环境监理应重点监督检查疏浚工艺环节的环保措施落实情况，炸、清礁工程中爆破工艺是否按要求规范进行，检查鱼损状况和监测水质情况。

港外配套工程主要包括陆域形成、地基处理和道路堆场，以及生产、生活辅助建筑物施工。环境监理人员应监督检查是否严格落实环评及其批复中确定的废气、废水、固废和噪声等方面的环境保护措施。

3. 试运行阶段环境监理要点

试运行的建设项目，建设单位应当自建设项目投入试运行之日起三个月内，向审批该建设项目环境影响报告书、环境影响报告表或者环境影响登记表的环境保护行政主管部门，申请该建设项目需要配套建设的环境保护设施竣工验收。

试运行期间，环境监理人员监督检查建设项目的废气、废水、噪声及固废环保设施的运行情况是否符合环评及批复的要求；监督检查污染物排放、污染影响和生态破坏程度、环境管理等各个方面是否符合环境保护验收条件，对不符合验收条件的要求进行整改。最后应编写试运行期间环境监理报告，真实反映港口工程建设的环保措施运行情况，为项目的试运行阶段验收提供依据。

（三）某港口工程环境监理实例

这里，我们提供了某港口工程建设项目的环境监理总结报告的全文，读者可以扫描二维码查看。读者在阅读该案例时，可以思考并回答以下问题：

（1）该项目的主要技术特征有哪些？

（2）该项目执行的环境标准和污染物排放标准是什么？

（3）该项目的主要环境敏感点有哪些？

（4）该项目环评批复的内容有哪些？

（5）该项目的风险防控措施有哪些？

（6）该项目对环评及其批复的落实情况如何？

（7）环境监理在该项目建设过程中发挥了什么作用？

某港口码头工程建设项目
环境监理总结报告

三、金属矿采选项目环境监理

（一）金属矿采选项目概述

1. 金属矿采选项目特点

金属矿山的建设一般具有建设周期长、生产前的基建剥离量和产生的废石量大、建设期对生态的破坏大于生产期等特点。金属矿采选的项目环境影响主要集中在以下几个方面：废气污染环境影响、废水污染环境影响、固体废物环境影响、噪声振动环境影响以及放射性。

采选工业废气是指在采矿、选矿及相关过程中，因凿岩、爆破、矿山破碎、筛分、运输、燃料燃烧等产生的含污染物质的有毒有害气体。废气主要包括采矿废气、选矿废气。采矿废水，是指矿山开采过程以及选矿过程中形成的废水。金属矿露天开采时需要剥离掉矿体上方覆盖的各种土石，地下开采时，则需要各种开掘井巷工程，从而产生大量废石。金属矿采选的主要噪声来源为各种设备，包括各类破碎设备、磨矿设备、筛分设备、运输设备等。对于矿石伴生放射性元素，则应进行矿区及周围土壤的放射性环境现状调查。

2. 金属矿采选项目工艺简介

矿床开采的两种方式分别为露天开采和地下开采。露天开采基建投资较高，占用土地较多，但具有建设速度快、生产条件好、矿石回采率高、采矿成本低、作业安全性好、适合使用大型高效率的设备和有利于科学管理的特点。但随着地下开采无轨化、设备大型化的发展，地下开采效率得以提高，生产成本得以降低，对环境的破坏小，地下开采方式已受到高度重视。

而选矿就是将原矿石或其他原材料用物理、化学或物理化学方法，使有用矿物和无用矿物、杂质进行有效的分离，以满足冶炼或其他用户对产品的需求。将有用矿物进行有效分离的过程称选矿工艺。通常选矿工艺可能包括的工序有：破碎、筛分、洗矿、预选、磨矿、重选、浮选、磁电选、化学选矿、细菌选矿、产品的脱水和尾矿处理等。

（二）金属矿采选项目环境监理要点

1. 环境保护达标监理

噪声污染防治监理：施工期严格执行《建筑施工场界噪声限制标准》（GB 12523—90），合理安排施工时间；降低设备声级；设置降噪减振消声设备；做好机械设备的定期维修、保养，及时清理闲置不用的设备；运输车辆进入施工现场时，减少鸣笛。

固体废物处置监理：固体废物分类存放，生活垃圾集中收集后统一处理；渣土尽量在场内周转，就地用于绿化、道路等生态景观建设；工程竣工后，施工单位应拆除各种临时施工设施，并负责将工地剩余建筑垃圾、工程渣土处理干净；建设单位应督促施工单位及时处置固体废物。

废水防治措施监理：对于混凝土和设备清洗水，废水中因含有水泥，水质呈碱性且悬浮物浓度值高，排入河道会对水质造成重污染，就地沿坡下泄会对土壤、植物造成危害，故应在施工地点设置废水沉沙池，上清液回用。沉淀泥可作为工程结束后绿化覆土肥料。

废气防治措施监理：避免大风天进行土方开挖；车辆不带泥驶出工地；定期对路面和施工场地洒水，保持下垫面和空气湿润，减少起尘量；卡车在倾卸过程中控制物料湿度，可有效抑制卡车倾卸产生的粉尘污染等。

2. 环境保护措施监理

处理及综合利用采矿废水。通过有效的收集系统，可使露天采矿场内的汇水得到充分的利用，在选矿用水、施工机械冷却以及运输道路、开凿掘进等工段抑尘喷洒等方面发挥作用。

处理及综合处理选矿废水。在尾矿库坝下应设有初期坝渗水收集系统，将尾矿库内回水及初期坝渗水汇入尾矿库汇水收集地。设置环水收集系统和回水净化系统，将尾矿汇水全部进行收集处理后汇入生产给水系统循环利用，减少新水耗量。

处理其他生产废水和生活污水。在破碎机除尘系统、化验室及检测系统、重磁浮过滤系统以及渣浆泵水封系统等通过泵站将其排水汇入尾矿浓缩池及环水泵站，送至各生产用水工序中循环使用。生活污水通过生活污水处理站生化处理后部分用于矿区绿化，部分纳入分砂泵站循环利用。

3. 生态保护措施监理

首先，环境监理应注意建设期生态恢复措施包括剥离表土生态防护措施、路面工程建设生态防护措施、工业场地生态保护防护措施、输水管线区生态防护措施等；其次，应注意运行期生态恢复与重建措施，其包括绿化及土地复垦两种手段；最后，对退役期生态恢复措施进行监理，对采场内土质边坡与岩质边坡分别进行生态恢复等。

（三）某采矿工程环境监理实例

这里，我们提供了某矿石开采工程建设项目的环境监理总结报告的全文，读者可以扫描二维码查看。读者在阅读该案例时，可以思考并回答以下问题：

（1）该项目所在区域的环境功能区划是什么？

（2）该项目的主要环境敏感点有哪些？

（3）该项目环评批复的内容有哪些？

（4）该项目的工程组成有哪些？

（5）该项目污染防治措施有哪些？

（6）该项目对环评及其批复的落实情况如何？

（7）该项目涉及的矿山企业环境整治规范有哪些？

某矿石开采工程建设项目
环境监理总结报告

本章小结

本章主要介绍了几种典型生态类建设项目的特点、工程组成及其环境监理要点。生态类建设项目一般需要占用较多的土地、水域、岸线、空域以及地下空间，通常包括水利水电、农林开发、交通运输、海洋工程、采掘类建设项目，以及某些输变电建设项目和社会区域类建设项目等。首先，简要介绍了生态类建设项目的环境监理要点，包括生态环境保护措施监理要点、施工期环保达标监理要点、环保设施监理要点、环境管理要求等。其次，介绍了道路类建设项目（包括公路和铁路建设项目）的工程组成及其工程特点，并按照道路建设工程组成单元介绍了其环境监理的要点。公路建设项目环境监理要点包括施工准备阶段环境监理要点，路基工程、路面工程、桥涵工程环境监理要点；铁路建设项目环境监理要点包括铁路路基工程，桥梁工程，隧道工程，施工便道工程，施工营地工程，取、弃土（渣）场，制梁场，拌和站等各项分工程的环境监理要点。再次，介绍了水利水电工程建设项目特点、分类和组成，以及水利水电建设项目的环境监理要点，包括生态保护措施环境监理要点、污染控制环境监理要点、人群健康保护环境监理要点、景观与文物古迹保护措施监理要点、环境监测监理要点等。最后，介绍了输变电工程、港口工程和金属矿采选工程项目的特点及其环境监理要点。本章在二维码中提供了某公路建设项目、某水电站建设项目、某输变电工程、某港口码头建设项目、某矿石开采工程等7个实际建设项目环境监理的完整案例供参考。

复习思考题

一、简答题

1.临时施工便道工程的环境监理要点有哪些？

2.道路工程中临时材料堆放场、拌和场和预制场（施工营地）环境监理要点有哪些？

3.公路路面工程施工阶段环境监理要点有哪些？

4.水利水电开发工程对环境的影响主要有哪些？

5. 水利水电项目中关于水生生态保护的环境监理要点是什么？

6. 水利水电项目中关于景观与文物古迹保护措施监理要点有哪些？

7. 一个大型的港口建设项目中港区工程的环境监理要点有哪些？

8. 输变电工程中输电线路施工阶段环境监理要点有哪些？

9. 金属矿采选工程项目的环境影响主要特点有哪些？

二、案例分析题

1. 某一高速公路通过一个国家级风景区A、一个国家级自然保护区B、一个省一级水源地C。请问项目施工期环境监理的关注点有哪些？

2. 某港口工程项目所在海域位于大黄鱼产卵区。大黄鱼4—6月向近海洄游产卵，产卵后分散在沿岸索饵，以鱼虾等为食，秋冬季又向深海区迁移。请问环境监理对该港口工程涉及的基槽、港池疏浚施工应重点关注哪些问题？

3. 某水电站建设项目环评中的环境保护目标如下。根据项目环评，本项目应达到以下环境保护目标：①水库水质和坝址下游河道至船寮与大溪汇合处水质达到《地表水环境质量标准》中的Ⅱ类水标准；②施工完成后水土保持状况不明显劣于现状；③不影响评价范围内各用水对象的用水水质和水量；④施工期间评价范围内水质维持Ⅱ类；⑤不因本项目施工及运行对毫保护区石门洞潭实验区的生态环境产生不良影响；⑥施工期间对水陆动植物生境不会带来明显影响，工程后的水陆动植物生境不明显劣于现状；⑦工程施工时对雄溪村等居民点的噪声影响不劣于3类标准；⑧不降低移民的生活水平及安置区的环境质量。请问该项目的环境监理要点有哪些？

第八章 典型工业类建设项目环境监理案例解析

第一节 工业类建设项目环境监理概述

一、工业类建设项目类型

根据《建设项目竣工环境保护验收管理办法》(国家环境保护总局令第13号),对主要因排放污染物对环境产生污染和危害的建设项目(管理中简称工业类建设项目),建设单位应提交环境保护验收监测报告(表)。环保验收实际管理中,项目的划分目录主要参考环境影响评价资质管理类别划分。除了生态类建设项目之外,其他建设项目按工业类项目管理。工业类建设项目涉及面广,具有多样性、复杂性、特殊性等性质,具有一定的环境风险特点。我国国民经济行业分19大类,环境监理工作中常涉及的主要行业有以下几类。

(一)轻工纺织化纤行业

轻工纺织化纤行业主要包括轻工、纺织、化纤等行业。轻工是轻工业的简称,轻工业是以生产生活资料为主的加工工业群体的总称,是制造产业结构中的一大分类,它是部门经济分类管理的产物,主要代表为服装工业、家具工业、家用电器工业和食品工业等。纺织工业细分下来包括棉纺织、化纤、麻纺织、毛纺织、丝绸、印染业等。化纤指化学纤维工业,为高分子化工中的一个工业部门,包括人造纤维和合成纤维的生产。

轻工纺织化纤行业的特点主要有以下几点:①能耗水耗高;②废水排放量大;③产能过于集中,局部地区的污染负荷大;④污染物主要有高浓度的有机废水,含重金属废水,有毒有害气体、烟尘、粉尘以及危险废物。

(二)化工石化(医药)行业

化学工业又称化学加工工业,泛指生产过程中化学方法占主要地位的过程工业,是利用化学反应改变物质组成、结构、形态或合成新物质等生产化学产品的行业。根据《国民经济行业分类》(GB/T 4754-2011),属于化工石化(医药)行业的共有“石油加工、炼焦和核燃料加工业”“化学原料和化学制品制造业”“医药制造业”“化学纤维制造业”“橡胶和塑料制作业”五大类。

化工石化(医药)行业主要具有以下几个特点:①项目工艺流程复杂;②生产技术具有多样性、复杂性和综合性;③污染物具有特殊性;④化工生产具有高污染、高能耗的特性;⑤环境风险较大。

(三)冶金机电行业

冶金机电行业主要包括:普通机械、金属加工机械、通用设备、轴承和阀门、通用零部件、铸锻件、机电、石化、轻纺等专用设备、农林牧渔水利机械、医疗机械、交通运输设备、航空航天器、武器弹药、电气机械及器材、电子及通信设备、仪器仪表及文化办公用机械、家用电器及金属制品的制造、加工及修理等项目;拆船、电器拆解、电镀、金属制品表面处理等项目;电子加工等项目;黑色金属、有色金属、贵金属、稀有金属的冶炼及压延加工等项目。

该行业的特点主要有以下几点:①项目产生的主要污染物常含重金属;②区域环境污染重;③项目具有高污染、高能耗的特性。

(四)建材火电行业

建材火电行业分为建材类与火电类。建材类项目主要指水泥、陶瓷、玻璃、石灰、砖瓦、石棉等建筑材料的生产制造与加工。火电类项目主要包括火电、蒸气、热水生产、垃圾发电等项目。

建材火电行业的特点是:①产生的污染物主要是以废气、固废污染物为主;②废气中的主要成分为二氧化硫、氮氧化物、烟尘以及粉尘等。

二、工业类建设项目环境监理要点

(一)项目环保批建符合性监理

项目环保批建符合性监理是在建设项目开工前环境监理单位依照环评批复对环保设施及相关环保措施进行符合性监理。监理审查主要包括:建设项目地点、位置、规模、生产工艺是否变化;环境保护目标是否一致;污染因子是否一致;环保设施容积、数量、走向是否一致;环保设备数量、规格、形式是否一致。生态方面要注意:临时占地和永久占地的区域、面积;占用基本农田、耕地的面积;砍伐的林木面积、数量。此外,还要注意:

环评中提出的敏感点的数量、位置、防护距离；拆迁的数量、人数；环境风险、应急措施的一致性等。具体监理审查的内容包括：①有关环保工程投标书及相关文件、合同；②环保工程设计图纸，工程勘察报告；③政府相关环境保护的批文；④相关环保法律、法规、规范、标准等。

（二）环保达标监理

环保达标监理的主要任务是：对工程建设过程中污染环境、破坏生态的行为进行监督管理，防治或减少施工过程中污染物排放和生态破坏，实现污染物达标排放或符合生态保护要求，如噪声、废气、废水、固体废物等污染达标排放；水土流失，生态恢复，自然保护区、水源区和风景名胜区保护等符合要求。施工期污染物达标监理应检查施工项目施工建设过程中各种污染因子达到环境保护要求的情况，主要包括四方面的监理内容，即水环境监理内容、大气环境监理内容、固体废物监理内容以及噪声环境监理内容。

（三）环保设施监理

环保设施监理是指对工程的环保配套设施进行监理，确保项目符合环境影响评价文件中对环保设施的要求，确保“三同时”的实施，如声屏障、消烟除尘、雨水径流收集等设施。

环保设施监理是监督检查项目施工建设过程中环境污染治理设施、环境风险防范设施是否按照环境影响评价文件内容和环境保护行政主管部门批复要求建设。严格坚持“三同时”原则，监督环评报告及其批复中所提及的生产营运期污染的各项治理工程的工艺、设备、能力、规模、进度按照设计文件的要求得到有效落实，各项环保工程得到有效实施。其主要是涉及水污染防治、大气污染防治、固体废物污染防治以及噪声污染防治等有关设施的有效落实。

（四）生态保护措施监理

生态保护措施监理对环评文件及批复中所提到的生态环境保护、减缓、恢复、补偿和重建措施，水土保持措施，自然保护区、风景名胜区、水源保护区等环境敏感保护目标的保护措施落实情况开展环境监理。

（五）环境管理监理

环境管理监理指的是对环保报批手续履行情况，环境管理制度与落实情况，环境管理机构建设情况，环境监测监控计划落实情况，环境风险应急预案制定与落实情况的监理。其主要包括试运行期的环保监理、环境风险防范措施监理以及制定环境质量监测方案。

第二节 印染类建设项目环境监理

一、印染类建设项目概述

（一）行业概述

印染又称为染整，是一种加工方式，也是染色、印花、后整理、洗水等的总称，是轻工纺织行业的一种。由于印染加工过程中，对水质的要求较高，因此行业水重复利用率低，导致我国印染行业能耗大、废水排放量大。我国印染产能90%以上集中在东部沿海地区，产能过于集中导致了局部地区的污染负荷大，接近环境承载能力。

印染加工对象可分为天然纤维、化学纤维、合成纤维、人造纤维等几大类。天然纤维是指棉、麻、丝、毛等自然生长产生的纤维。化学纤维是指以天然的或合成的高分子化合物为原料，经化学方法加工制成的纤维。依据原料不同又分为合成纤维和人造纤维。合成纤维是指合成的高分子化合物制成的纤维，包括涤纶、腈纶、氨纶、锦纶、维纶、丙纶等。人造纤维是指用天然的高分子化合物制成的纤维，包括黏胶、醋酸纤维、牛奶纤维、大豆纤维、竹纤维等。印染行业涉及的主要生产设备、原料、资源如下。

1. 生产设备

根据染整过程，印染行业生产设备大致可分为预处理设备、染色（印花）设备、功能整理设备三大类。

（1）预处理设备：主要有烧毛机、磨毛机、退煮漂联合机、丝光机等。用于坯布染色、印花之前，进行烧毛、磨毛、退浆、煮练、漂白、丝光等预处理。

（2）染色（印花）设备：印染机、印花机。用于坯布染色与印花。

（3）功能整理设备：定型机、涂层机、柔软整理机、轧光机、烘干机、起皱机，可用于布料染色印花之后的功能整理。

2. 原辅材料

印染企业主要原料为各色染料，按应用性能，大致可分为：①直接染料；②酸洗染料；③分散染料；④活性染料；⑤还原染料；⑥阳离子染料；⑦冰染染料；⑧缩聚染料；⑨氧化染料；⑩硫化染料。

3. 资源能源

印染企业所涉及能源主要为煤、天然气、蒸汽、水、电等。印染企业一般取水量较大，需进行水资源论证。

（二）工艺流程及产污环节

印染是指对以天然纤维、化学纤维以及天然纤维和化学纤维按不同比例混纺为原材料的纺织材料进行的以化学处理为主的染色和整理过程，其具体流程及产污环节如下：

（1）前处理。前处理是指去除纺织品上的天然杂质及浆料、助剂和其他玷污物，以提高纺织品的润滑性、白度、光泽和尺寸稳定性，利于进一步加工的工序。前处理工序包括退浆、煮练、漂白、丝光、碱减量等，该过程产生前处理废水。

（2）退浆。退浆是指去除织物上的浆料，以利于染整后续加工的工艺过程。

（3）煮练。煮练是指用化学方法去除棉布上的天然杂质、精炼提纯纤维素的过程。

（4）漂白。漂白是通过氧化剂将织物上带有的天然色素氧化而使纤维素呈白色，去除残留的蜡质、含氮物质的过程。

（5）丝光。丝光是指棉纱线、织物在一定张力下，经冷而浓的烧碱溶液处理，获得蚕丝样光泽和较高吸附能力的加工过程。

（6）碱减量。碱减量是指将涤纶纤维织物置于80~90℃、8%左右的碱液中，使其表面单体不规则的部分溶出，以改善织物透气性和手感的处理工艺。

（7）染色。染色是指对纤维和纤维制品施加色彩的过程。染色后水洗设施产生染色废水。

（8）印花。印花是指把循环性花纹图案施于织物、纱片、纤维网或纤维条的方法，又称局部染色。

（9）定型。定型是使纤维或其制品形态稳定的加工过程。此过程中会产生定型废气。

（10）整理。

整理是指除前处理、染色、印花以外，使坯布转变为商品形态的加工处理，俗称后整理。如改善纺织品外观质量、手感和使用性能的末道加工处理。

二、印染类项目环境保护相关标准及技术规范

印染类项目环境保护相关标准及技术规范主要如下：

·《印染工厂设计规范》（GB 50426-2007）

·《纺织工业企业环境保护设计规范》（GB 50425-2008）

·《纺织染整工业废水治理工程技术规范》（HJ 471-2009）

·《印染行业准入条件（2010年修订版）》（工业和信息化部，工消费〔2010〕第93号）

·《产业结构调整指导目录（2011年本）》（2013年修正）

·《国务院关于进一步加强淘汰落后产能工作的通知》（国发〔2010〕7号）

·《清洁生产标准　纺织业（棉印染）》（环境保护行业标准,HJ/T 185-2006）
·《纺织染整工业废水治理工程技术规范》（环境保护部,HJ 471-2009）

三、印染类项目环境监理要点

（一）设计阶段环境监理要点

1. 主体工程设计

在初次进场时，实地调查厂址周边主要环境敏感点及其数量、方位、距离等内容，校核是否与报批的建设项目环境影响报告书相符。若报告书确定的方位防护距离内存在居民，应明确其数量、方位及距离；在例行巡检过程中，跟踪其拆迁进展。

对于主体工程设计文件的审查，应重点关注厂区给排水管线布置图，在雨污分流、清污分流、污废分流上进行把关。查看是否配备了初期雨水收集池，容积是否符合报批的环境影响报告书的规定。关注环评报告书中是否有管道架空等相关要求并核实落实情况，查看是否配备了输送水泵。雨水排放口是否设置了阀门井，是否设置冷却水收集池，是否设置管道进行回用。

2. 环保设施设计

对于环保设施专项设计的审查，应查看废水处理设施、废气治理设施的设计方案编制情况，调查设计处理能力；进水水质等是否与报批的环境影响报告书相符；对施工蓝图中的构筑物尺寸进行认真核对，确定其是否与设计方案相符。

若建设单位对设计方案的技术经济可行性存在疑虑，监理人员可配合建设单位邀请有关专家进行技术审查。同时，监理人员应对污泥暂存场所、事故应急池、污水回用、臭气产生单元加盖及除臭等做出明确要求，对建设单位和设计单位容易忽视的内容进行仔细核查。

（二）施工期环境监理要点

1. 排水管线

依据设计单位雨、污水管线施工蓝图，现场核对雨水、污水管线走向是否与环评要求一致。施工前期，提醒建设单位在雨水排放口设置阀门井和初期雨水收集池，配置水泵和管线，使初期雨水得到处理。对于废水排入城市二级污水处理厂的企业，生活污水可直接纳管。

2. 总平面布置 ……………………………………………………………………………

在现场巡检过程中，环境监理人员应核实项目总平面布局与环境影响报告书的符合性，特别是污水处理站和堆煤场的布局调整，环境监理人员应通过工作联系单给出书面说明。若调整后卫生防护距离仍能满足要求，则该调整影响不大。若调整后卫生防护距离现状不能满足要求，应明确告知建设单位，该调整应报请负责审批的环境保护行政主管部门。

3. 生产装备 ……………………………………………………………………………

（1）批建符合性。针对印染行业特点，着重调查建设项目实际产能与报批产能的匹配性，避免废水排放量的大量增加。应告知建设单位，若设备实际产能超出批复产能，将导致该项目无法通过竣工环境保护验收，导致投资浪费。

（2）设备先进性。注意收集设备产品说明书、合格证等有关资料，对已安装及拟安装设备进行逐台梳理，查看调整是否符合《印染行业准入条件（2010年修订版）》、《产业结构调整指导目录（2011年本）》（2013年修正）、《国务院关于进一步加强淘汰落后产能工作的通知》等文件要求。如果环境影响评价报告中提出有要求淘汰的设备，在环境监理过程中需关注相关淘汰要求的执行情况。

4. 生产工艺 ……………………………………………………………………………

纺织印染企业的生产过程主要包括坯布检验、缝头、烧毛、退浆、煮练、漂白、丝光、染色、印花、拉幅、轧光、定型、预缩、检验等过程。在设备安装完成后，环境监理人员应依据产品种类，对各生产工艺进行逐步核实。若工艺内容出现调整，应要求建设单位出具相关的环境影响补充分析报告（一般是建设单位委托环评机构编制），说明调整的合理性和可行性，并向环保主管部门报备。依据《关于印发环评管理中部分行业建设项目重大变动清单的通知》（环办〔2015〕52号），如不属于重大变动的，则在验收时说明即可，否则要重新进行环境影响评价。

5. 生产车间 ……………………………………………………………………………

染色车间应设置漏空盖板的管沟，沟内布置污水管道，便于将退浆、煮练、染色、地面冲洗等废水分质收集，分道进入后续处理设施。印花调浆车间与印花车间隔离，调浆间内宜划分为原料准备、染料研磨、基本色贮存、色浆调制、染化料贮存、称料等几个区域。车间内地沟应为带漏空盖板的明沟，便于地面冲洗废水的收集。在生产车间建设期间，环境监理应指导并督促企业落实以上措施。

6. 污水处理设施 ………………………………………………………………………

印染废水水量大，应着重于重复使用或处理后回用。环境监理人员应对重复利用水量和回用水量进行核实，根据《印染行业准入条件（2010年修订版）》要求，确保水重复利用率达到35%。须提醒建设单位建设的水回用设施主要包括：

（1）间歇式染色设备的冷却水为洁净水，应设置水池集中收集，直接回用于染色工序或通过冷却塔冷却后回用。

（2）丝光淡碱废水除供退浆、印花利用外，其余应回收利用；不具备外部协助条件时，应设置碱回收站。

（3）采用多级回用的生产工艺，氧漂排水作为退煮漂联合机用水，退煮漂排水和给水进行换热后再排放，并作为脱硫除尘用水。

（4）间歇式染色设备的最后一道染色清洗水或印花水洗等低浓度废水，回用于印花导带清洗。

（5）有碱减量工艺的印染工厂，应在车间附房或污水回收站内设置PVA回收间。

污水处理设施建设过程中，环境监理人员应根据设计方案规定尺寸和施工蓝图尺寸核实各构筑物有效容积，并在闭水试验中检查池体有无渗漏。在设备安装过程中，应收集设备说明书和产品合格证书，对设备数量和工艺管道走向进行核实。日常巡检时应关注事故应急水池、污泥暂存场所、产生臭气单元的除臭设施、规定化排污口的建设情况。污泥暂存场所建设应符合《一般工业固体废物贮存、处置场污染控制标准》（GB 18599—2001）要求，落实防雨、防渗漏、防流失措施，为节约占地，污泥浓缩池可半地下式设计，池体上方建设污泥暂存场所，既便于污泥渗滤液收集于浓缩池内，也可使污泥浓缩池处于半封闭状态，减少臭气排放量。生化池、调节池、污泥浓缩池等臭气产生单元应进行封闭式设计，配套建设除臭设施。排污口应规范化建设，具体为设置明渠测流段、排放口标志牌，安装污水流量计、在线监测设施等。排入城市二级污水处理厂的企业，应要求建设单位提供入网协议书（或合同）。

7. 废气处理设施……………………………………………………………………………

根据《印染行业准入条件（2010年修订版）》要求，拉幅定型设备要具有温度、湿度等主要工艺参数在线监控装置，具有废气净化和余热回收装置。环境监理人员应提醒建设单位按要求安装废气净化设备，并设立不低于15m的尾气排放筒。定型废气净化产生的废油应委托有危险废物经营许可证的单位进行回收或处理，委托其他单位处理的应对其资质及处置能力进行调查了解。

具备拉幅定型设备的企业一般要建设导热油锅炉。燃煤（燃油）导热油锅炉均应建设脱硫除尘装置。环境监理人员应关注环境影响报告书及批复文件对烟气脱硫、除尘效率的要求，并对设施的处理能力进行预判，供建设单位参考。同时，排气筒高度应按照环境影响报告书的要求实施。

若环境影响报告书确定为集中供气，建设单位建设了蒸汽锅炉（或锅炉型号规格发生变化），则应提醒建设单位到环境保护管理部门申请该事项。提醒建设单位，煤堆场应设置半封闭式堆煤棚，并安装水碰头减少煤粉尘。

8. 固体废物防治设施 ……………………………………………………………………

水处理污泥、废弃包装物、生活垃圾、煤渣等固体废物应于厂内设置专门的存放场所，分类存放，同时设立环境保护图形标志。存放场所应满足“防雨、防渗漏、防流失”要求。暂存场所内不得有积水，若出现积水，建设单位应当增设导排设施，将积水引至污水处理站处理。废弃包装物、废油等如属于危险废物，其暂存场所应设立警示标志，运输过程应建立台账记录，执行危险废物转移联单制度。

环境监理人员应督促建设单位按以上要求建设固体废物暂存场所，并在主体工程投入使用前建设完毕；同时建立固体废物进出库台账记录，将入库的固体废物种类和数量详细记录在案，长期保存，供随时查阅。

9. 噪声防治设施 …………………………………………………………………………

在监理过程中，应提醒建设单位按相关要求对降噪措施在设计、施工过程中加以落实。重点关注污水处理站风机房的布局及其与厂界、敏感点的距离。若距离较近，在鼓风机安装消声器的基础上，应提醒建设单位设置减震垫、隔声窗等进行降噪。

10. 环境风险防范 ………………………………………………………………………

液碱、过氧化氢等危化品储罐应设置围堰围护，围堰高度应满足应急要求，一般应能够存储最大储罐破裂时泄漏的物料。导热油锅炉低位槽也应设置围堰，避免导热油事故性泄漏。

雨水排放口应设置阀门井，并设立初期雨水收集池。初期雨水收集池与雨水管道间设置“三通”，并安装切换阀。初期雨水收集池容积应符合环评和设计要求。初期雨水池应设置自动控制的液位泵，确保将初期雨水或事故状态消防水泵送至污水处理站处理。污水处理站应设置事故应急池。

建设单位应当编制突发环境污染事故应急预案。环境监理人员应当对预案编制情况给出指导性意见，重点对事故应急救援领导小组的成立、预案的分级响应机制的建立、应急救援及抢险器材的配备、事故应急演习等内容进行监理。

（三）试生产期环境监理要点

在施工监理过程中，环境监理人员应注意把握配套环保工程的施工进度。若环保工程施工进度明显落后于主体工程，应提醒建设单位加快进度，并向当地环境保护管理部门汇报，以确保与主体工程同时投入使用。在工程完工的同时，及时编制环境监理试生产阶段报告，配合建设单位办理试生产申报手续。

（1）原辅材料消耗。试生产期间，环境监理人员应调查原辅材料的消耗量和单耗情况。对建设单位提交的原辅材料消耗情况进行审核，确认清洁生产水平及其不存在不可预见的问题。

（2）产品质量。在编制环境监理总结报告时，对试生产期间产品产量进行统计并与报批的生产规模进行对比，确认生产规模符合环境影响评价要求。

（3）污水处理设施。环境监理人员应查看污水处理台账的建设情况，并翻看其处理记录，了解进出水水质、污水排放量、药品的使用记录、环保设备运行维护记录等内容，同时对污水回用量和重复利用量进行统计。

提醒建设单位成立专门机构并配备环保人员，对主要污染物每日进行监测，并形成报表。环境监理应对试生产期间的污水处理报表进行统计，将实际进出水水质与环评报告书进行对照，说明是否存在超标，若超标，说明超标率、超标原因及最大超标倍数。

（4）废气处理设施。查看导热油锅炉脱硫除尘设施、定型废气净化设施的运行情况以及药品使用情况等是否符合要求，对不符合要求的地方提出改进建议。

（5）固体废物防治设施。收集并核实建设单位与外协单位签订的固体废物委托处置协议，确认各种固体废物的取向，以及最终是否得到有效处理。检查固体废弃物台账建设情况、危险废物转移联单执行情况，统计试生产期间固体废物的产生量和处置量，确保所有废物得到妥善暂存和有效处理。

（6）环境管理制度。告知建设单位设置专门的内部环境保护管理机构，由建设单位领导、环境管理部门、车间负责人和车间环保员组成企业环境管理体系。同时制定环境保护管理制度、污水（废气）处理岗位操作规程、岗位责任制和台账制度。

（7）环境风险防范。对建设单位事故应急救援机构设置、应急救援及抢险器材配备、事故应急演习等落实情况进行监理。

四、印染类建设项目环境监理实例

这里，我们提供了某印染类建设项目的环境监理实施方案及其环境监理总结报告全文，读者可以扫描二维码查看。读者在阅读该案例时，可以思考并回答以下问题：

（1）该项目环评及其批复要点有哪些？

（2）该项目环境监理服务期限是什么？

（3）该项目“三同时”验收内容有哪些？

（4）该项目的主要环境敏感点有哪些？

（5）该项目的主要环保工程有哪些？

（6）该项目执行的环境标准和污染物排放标准是什么？

（7）该项目在建设过程中，环境监理提出了哪些整改要求？

（8）该项目环保措施的落实情况如何？

（9）该项目的事故应急措施有哪些？

某印染类建设项目环境监理实施方案

某印染类建设项目环境监理总结报告

第三节　化工石化（医药）类建设项目环境监理工作

一、化工石化（医药）类建设项目概况

按照原料来源，化学工业可分为石油化工、煤化工、天然气化工、盐化工和生物化工五大类。

石油化工是指以石油和天然气为原料，生产石油产品和石油化工产品的加工工业。

煤化工是指以煤为原料，经化学加工使煤转化为气体、液体和固体燃料以及化学品的过程。其主要包括煤的气化、液化、干馏，以及焦油加工和电石乙炔化工等。

天然气化工是化学工业分支之一，是以天然气为原料生产化工产品的工业，是燃料化工的组成部分，也可将天然气化工归属于石油化工。天然气化工一般包括天然气的净化分离、化学加工等。

盐化工是指利用盐或盐卤资源，加工成氯酸钠、纯碱、氯化铵、烧碱、盐酸、氯气、氢气、金属钠，以及这些产品的进一步深加工和综合利用的过程。

生物化工是指化学工程与天然技术相结合的产物。主要生物化工产品包括抗生素、酶制剂、生物燃料等。

化工石化（医药）行业是我国的支柱产业，在国民经济发展中占有重要地位。由于该类行业门类繁多、工艺复杂、产品多样，生产中排放的污染物多，成分复杂，数量大，降解难度大，因此导致的环境问题尤其严重，治理难度非常大，远远超过其他行业。

由于化工石化（医药）行业涉及面颇广，近年来，与之相关的政策也是层出不穷。作为环境监理人员，应了解相关产业政策，以便于更好地完成本职工作。国务院及相关部委发布的涉及化工行业的产业政策，主要涉及产业结构调整、节能减排、抑制部分行业产能过剩和重复建设、淘汰落后产能和生产工艺装备、天然气利用和规范煤化工产业有序发展等方面。

二、化工石化（医药）类项目环境保护相关法律法规、标准和技术规范

化工石化（医药）类项目环境保护相关法律法规、标准和技术规范主要如下：

·《石油化工企业安全管理体系实施导则》（AQ/T 3012-2008）
·《危险废物经营许可证管理办法》，国务院令第408号，2004年5月19日
·《危险化学品安全管理条例》，国务院令591号，2011年2月16
·《石油化工建设工程项目监理规范》（SH/T 3903-2004）
·《石油化工企业设计防火规范》（GB 50160-2008）
·《化学合成类制药工业水污染物排放标准》（GB 21904-2008）
·《发酵类制药工业水污染物排放标准》（GB 21903-2008）
·《石油化工排雨水明沟设计规范》（SH 3094-1999）
·《石油化工储运系统罐区设计规范》（SH/T 3007-2007）
·《化工建设项目环境保护设计规范》（GB 50483-2009）
·《石油化工企业环境保护设计规范》（SH 3024-1995）
·《环境影响评价技术导则石油化工建设项目》（HJ/T 89-2003）
·《建设项目竣工环境保护验收技术规范石油炼制》（HJ/T 405-2007）
·《建设项目竣工环境保护验收技术规范乙烯工程》（HJ/T 406-2007）
·《储油库大气污染物排放标准》（GB 20950-2007）
·《石油加工业卫生防护距离》（GB 8195-2011）
·《石油化工企业卫生防护距离》（SH 3093-1999）
·《清洁生产标准　石油炼制业》（HJ/T 125-2003）
·《杂环类农药工业水污染物排放标准》（GB 21523—2008）
·《合成氨工业水污染物排放标准》（GB 13458-2001）
·《化工废渣填埋场设计规定》（HG 20504-2010）
·《生物工程类制药工业水污染物排放标准》（GB 21907-2008）

·《中药类制药工业水污染物排放标准》(GB 21907-2008)
·《橡胶制品工业污染物排放标准》(GB 27632-2011)
·《化工企业化学水处理设计技术规定》[HG/T 20653-1999(2009)]
·《化工厂常用设备消声器标准系列》[HG/T 21616-1997(2009)]
·《化学工业大、中型装置生产准备工作规范》(HGJ 232-1992)

三、化工石化(医药)类项目环境监理要点

(一)设计阶段环境监理要点

环境监理时需进行审核的设计文件和施工图主要有可行性研究报告、总体设计、初步设计、施工图、施工组织方案及相关审批文件。

核实设计文件与项目环境影响评价报告及审批文件的符合性。对于设计审查中发现遗漏、增加、调整的工程内容应以《环境监理联系单》形式告知建设单位,提出改正意见。重点审核环评报告要求的污染防治措施在设计文件中的落实情况。对于设计审查过程中发现的不满足技术要求的环保治理措施,应向有关建设单位、设计单位建议增加调整。重点关注环评要求的环境敏感保护目标保护措施、施工期生态恢复措施的落实。

(二)施工期环境监理要点

环境监理人员应通过现场巡视、旁站、检查等方式,核实主体工程建设、“三同时”环保治理设施建设与工程方案和环境影响评价及批复的一致性问题;加强与各有关单位的沟通协调,对施工人员做好环境保护方面的培训工作,重视第一次环境监理专题工作例会,明确介绍环境监理工作内容、施工单位营地建设、施工行为、时段要求等方面的环保要求。实行日常施工工地例会,制订好工作计划与做好工作总结。及时检查各阶段建设项目及施工工艺环保措施进展情况,并结合实际提出改进要求。

1. 水污染防治措施监理

首先,化工石化(医药)行业原辅材料品种繁杂且化学结构呈现多样化态势,部分原辅料或产品具有易燃、易爆或易导致中毒等特点;废水成分复杂,浓度较高,不同产品工业废水差异较大,有较高的无机盐浓度。这些特点都将增加后续污水处理难度,因此必须关注各股废水预处理及末端治理措施。在开展环境监理工作时应首先做好调研工作,了解项目的废水治理设施、出水水质及水量要求。其次,应了解废水处理的工艺,以便环境监理工作顺利开展。监督检查废水排污管道是否满足“清污分流、污污分流、雨污分流、

分级处理”的原则，坚决杜绝非标准排放口的建设，为建设项目的顺利实施和生产创造条件。

同时，环境监理人员应对施工期的生产废水和生活污水的来源、排放量、水质指标及处理设施的建设过程和处理效果进行检查，并根据水质监测的结果，检查污水是否达到了批准的排放标准要求。

2. 废气污染防治措施监理

在废气方面，化工石化（医药）类项目涉及的有机溶剂或原辅料繁多，废气污染物成分复杂。环境监理人员应了解化工石化（医药）行业废气的来源、特点、分类及治理措施等内容。废气的主要来源是锅炉排放的废气、工艺生产中产生的废气与污水处理厂恶臭气体等，污染物包括二氧化硫、氮氧化物、粉尘、氨、挥发性有机物等。比如，制药企业在生产过程中产生的大气污染物，主要可以分为两大类：一是产生于提取等生产工序的有机溶媒废气，如挥发性有机污染物（VOCs）和制药过程中产生的臭气；二是产品的粉碎、干燥、包装等制剂过程中产生的药尘。因此，核查化工石化（医药）行业废气治理装置的建设和安装，是环境监理工作的重点之一。环境监理人员应监督废气治理措施及运行情况是否满足环境影响评价及批复的要求，对不符合要求的环保措施及时监督整改。

此外，环境监理人员还应监督检查施工过程中是否采取有效的环境保护措施，确保施工期废气对周围环境的污染降到最低。对施工过程中产生的废气和粉尘等大气污染状况进行监控，要求各承包商进入施工现场的各种机械必须达到施工区环保设计文件中所规定的废气排放、粉尘浓度控制要求。

3. 固体废物防治设施监理

固体废物分为一般工业固体废物、危险废物与生活垃圾。我国化工石化（医药）行业排放的固体废弃物数量大，特别是危险废物的数量占全国危险废物排放总量的40%左右。大型化工企业还有自备的燃煤电站、储罐区和污水处理厂等。这些辅助设施将排放大量的粉煤灰、罐底油泥、剩余活性污泥等。因此，环境监理人员应重点关注危险废物的储存、运输、处理处置问题。按照危险废物处置的有关规定，监督检查：属于国家规定危险废物之列的固体废物、废酸、废碱或含重金属的废物等是否满足环境影响评价及其批复的相关要求；危险废物是否储存在固定的仓库中，各存储危险废物的库房是否进行防腐处理，同时设置有渗透液导流系统；是否按照《危险废弃物转移联单管理方法》《危险废物储存污染控制标准》《危险废物污染防治技术政策》等国家和地方关于危险废物管理的有关规定进行严格管理。

4. 噪声防治设施监理 ……………………………………………………………………

建设单位应按要求采取降噪措施，在施工过程中加以落实。重点关注压缩机、风机、泵类、离心机等的布置及其与厂界、敏感点的距离，主要噪声源应布置在远离居民区一侧，与厂界保持一定距离；大型动力设备应选择低噪声设备，并设置隔声间，加装消声器和减震器等设施。按要求进行施工申报，严格控制施工时间。定期监测声环境质量，避免噪声超标。

5. 环境风险防范及应急措施监理 ……………………………………………………

化工石化（医药）行业所涉及的产品及各类原辅料等大多具有易燃、易爆等特性，一旦出现事故，将对周边环境产生较大影响。在施工期，应监督检查危险化学品储运、工艺技术设计、自动控制等方面的设计安全防护设施的建设情况，消防及火灾报警系统的建设情况，确保项目的主动风险防控设施符合环境影响评价文件及相关设计技术规范要求。检查生产装置区和储运区的事故工况下废气的排放设施（如安全阀、泄压阀、防爆膜等）、收集输送管线和火炬等处理设施的建设情况。此外，环境监理人员应指导企业建立事故应急系统（包括事故应急管理体系、事故废水收集管道、事故池、应急物资、器材、人员等），并编制突发环境污染事故应急预案，落实事故演习制度。

（三）试运行期间环境监理要点

1. 试运行工况的监理 ……………………………………………………………………

环境监理单位在试运行期间，应按照竣工验收中环境保护验收的有关要求逐项核查项目的运行负荷是否达到竣工环境保护验收要求工况，主体生产装置、公用工程设施和储运设施是否连续稳定，关注试运行期间的主要原辅材料消耗、公用工程消耗、燃料消耗指标，项目的主、副产品的产出情况，对于与环评和设计指标差异较大的，应协同建设单位、设计单位查找原因，并采取有针对性措施，使各项指标达到设计指标水平。

根据上述变化情况，进行项目试运行期间的物料平衡和水平衡分析，并据此分析项目的污染源排放指标变化情况及相应环保设施的技术可行性。对于不能满足处理要求的环保设施，应协同建设单位和设计单位提出整改方案，加以落实。

2. 环保设施的试运行监理 ……………………………………………………………

（1）废气治理设施：检查工艺废气、锅炉废气、加热炉烟气等各有组织废气治理设施的试运行状况，待其运行稳定后，监测各有组织废气治理设施的进出口废气量、主要污染物浓度、排放温度等指标，核算废气的进出口排放速率、废气治理设施的去除效率，分析工艺废气各排放指标达标性，分析与环评和设计文件的差异性；检查装置区、储运区和污水处理区的无组织废气治理设施的试运行状况，开展厂界无组织排放污染物的监测工作，分析厂界达标情况。对于不达标的污染物，分析原因，提出整改方案。

（2）废水治理设施：检查污水预处理设施、综合污水处理装置的试运行状况，核算停留时间，监测实际处理水量、进出口污水水质，核算各单元去除效率、综合去除效率等，分析上述指标是否满足环评和设计的预期指标；检查出水是否满足排放要求；检查污水深度处理或中水回用装置的试运行状况，监测进水水量水质、回用水水量水质、排放污水水量水质，核算污水回用率，分析出水是否达标排放等，是否满足环评要求和设计的预期指标要求；检查各项节水措施的落实情况及节水指标。

（3）地下水污染防控措施：检查厂区渗滤液收集井。检查地下水监测井内的配套仪器的运行状况及渗滤液监测设施的运行状况、应急抽水井配套设施的运行状况，取样分析厂区内地下水水质，分析地下水防渗设施的技术可行性。

（4）工业固体废物处理/处置措施：检查综合利用措施的落实情况，包括去向、接收协议、接收单位的合法手续及接收处理建设项目固体废物的技术可行性等。检查废物焚烧炉的运行情况，包括实际焚烧处理能力、焚烧炉的各项技术实际运行指标是否达到设计的要求，烟气净化设施和烟气中污染物排放指标是否满足达标排放要求。检查需填埋的一般废物和危险废物依托的填埋场的建设情况和目前实际运行情况指标以及处理本项目废物的技术可行性，建设单位和接收单位的接收协议等。属危险废物范畴的，应关注工业危险废物管理台账制度和转移联单制度执行情况。

（5）噪声治理设施：监测并分析建设项目厂界噪声的达标情况，若不达标，分析原因，提出进一步整改方案。

（6）环境风险防控及应急措施：检查事故工况下废气的排放、收集、输送和处理设施的运行状况及事故污水切换设施的运行状况，是否连续稳定。检查各级环境风险应急预案等环境风险事故管理体系的建立情况，进行环境风险事故应急演习，了解环境风险事故管理体系的实际效果。试运行过程中应加强巡检，及时处理污染物跑、冒、滴、漏，同时应加强对防渗工程的检查，若发现防渗密封材料损坏，应及时维修更换。

（7）环境管理及监控措施：检查环境管理及环境监测机构的建立情况，污染源及环境监测计划的制定情况，检查废气、外排污水的在线监测系统的运行情况，分析验收在线监测数据的正确性。

3. 试运行环境监理总结和验收

试运行结束后，环境监理根据试运行过程中各项环境保护措施运行情况和监测报告，编制环境监理总结报告，对各项目环境监理工作进行总结；协助建设单位准备相关环保竣工验收资料，配合建设单位进行验收前的工作汇报。参与建设项目竣工环境保护验收现场的检查会议，着重汇报工程建设内容及环保措施落实情况。根据各部门意见，修改完善环境监理总结报告，提交建设单位作为报验材料。

四、化工石化（医药）类建设项目环境监理实例

这里，我们提供了某医药企业建设项目的环境监理总结报告全文，读者可以扫描二维码查看。读者在阅读该案例时，可以思考并回答以下问题：

（1）该项目环评及其批复要点有哪些？

（2）该项目的主要环境敏感点在哪里？

（3）该项目生产工艺流程是什么？

（4）该项目执行的环境标准和污染物排放标准是什么？

（5）该项目在建设过程中完成了哪些环保方面的整改？

（6）该项目环评及其批复的落实情况如何？

（7）该项目污染物排放总量控制指标有哪些？

某医药企业建设项目环境监理总结报告

第四节　火电厂建设项目环境监理

一、火电厂建设项目概述

（一）火电厂概述

通过固体、液体、气体等燃料的燃烧将化学能转化为热能，再用动力机械转换为机械能驱动发电机发电的工厂称为火电发电厂，简称火电厂。按燃用燃料的不同，火电厂可分为燃煤电厂、燃油电厂、燃气电厂、垃圾发电厂、煤矸石电厂、秸秆电厂等。按动力设备的类型，火电厂可分为蒸汽动力发电厂、燃气轮机发电厂和内燃机发电厂。按电厂的基本功能可分为发电厂（由凝汽式汽轮发电机组纯发电的发电厂）和热电厂（由抽凝式或背压式汽轮发电机组供采暖热负荷、供工业用汽热负荷的发电厂）。

（二）火电厂原料

火电厂是利用动力燃料燃烧产生热能并转化为电能的生产单位。能够用来发电的燃料较多，目前已得到应用的有:煤炭（原煤、煤泥、煤矸石、洗中煤、洗精煤）、原油、柴油、重油、天然气、液化石油气、垃圾、农林废弃物、煤层气、沼气、高炉煤气、焦炉煤气、

石油焦等。根据2017年中国电力运行现状分析数据，全国发电量中约64%的电力来自煤炭燃烧。各种煤的元素成分均由碳、氢、氧、氮、硫、灰分和水分所组成，其中的可燃成分是碳、氢、硫（煤中的硫只有挥发硫是可燃的）。火电厂产生的污染与使用的原料及污染控制措施密切相关，使用不同的原料发电所产生的污染差别很大，其环境影响也各有差异。

二、火电厂建设项目的主要环境影响

火电厂建设项目基本组成内容有：

（1）主体工程，包括锅炉、汽轮机、发电机；

（2）辅助工程，包括水源、循环水供排水工程、循环水处理工程、化学水处理工程、厂内除灰系统；

（3）贮运系统，包括铁路公路运输、煤码头、运煤系统、灰场及运灰方式、灰渣及石膏利用；

（4）环保工程，包括烟气脱硫、烟气脱硝NO_x、烟气除尘、废水处理，噪声治理、扬尘治理等；

（5）厂外配套工程，包括供热供水管线管网、电气出线及升压站；

（6）公用工程，包括厂前区、生活区、绿化、进厂公路；

（7）依托内容，包括现有工程为本期预留场地、公用设施、废水处理设施等的条件及内容。

根据工程组成、主要发电设备、附属工艺设备、环保设施可确定工程的污染因子，一般火电厂建设项目的主要污染因子如下：

（1）主体工程。①锅炉及烟囱：烟气排放，设备运行噪声，景观等特殊环境要求。②汽轮机等冷却系统：汽轮机设备运转，冷却塔淋雨，空冷系统冷却风机运转，直流循环冷却。③发电机：设备运作噪声。

（2）辅助工程。①厂外供水系统：用水及管线占地，管线施工建设。②循环水排水系统：用水及管线占地，管线施工建设，循环冷却排水。③废水处理系统：化学除盐废水排放，城市中水，工业废水，生活污水。④厂内除灰系统：炉底灰、省煤器及空预器灰，炉底渣，水力冲渣废水。⑤站内升压站：主架、构架、电抗器。

（3）贮运工程。①煤码头及货物码头：装卸扬尘，机械运转，冲洗污水。②上煤系统：扬尘，设备运转，污水。③厂外输灰系统：水力除灰管线，干输灰栈桥，运灰道路及车辆。④灰场：扬尘，渗滤，水，地基稳定性。

（4）厂外配套工程。①供热管线管网及供热换热站：供热及替代，占地，施工扬尘，运行设备。②铁路公路专用线：占地，扬尘，运输。

（5）环保工程。①脱硫工程（湿法）：厂内脱硫原料制备、贮运扬尘，脱硫设备运转，脱硫废渣，脱硫废水。②其他：根据环保工程的原料、治理工艺及排放情况确定环境影响因素及污染因子。

火电厂运行投产后主要污染因子有以下几种：

（1）烟粉尘。它是随烟气进入大气的微小固体污染物。烟尘，包括燃料燃烧后的飞灰和未燃烧完全的炭粒。粉尘，包括原燃料储存输送破碎筛分等过程而产生的微细粒子，主要分飘尘（$<10\mu m$）和降尘（$>10\mu m$）两种，以飘尘的有害影响最大。治理的方法是采用各式除尘器来消除烟尘。其中以静电除尘器、布袋除尘器应用比较广泛，效率高，可达99%，可满足当前环境保护标准要求，以及今后更加严格的环境保护标准要求。

（2）二氧化硫。它是原料中的硫燃烧后生成的污染物随烟气排入大气，是形成酸雨的主要物质之一。目前我国对火电厂SO_2排放有严格要求。防治SO_2的措施主要是燃烧中炉内喷钙或流化床脱硫和燃烧后烟气脱硫。较大机组以燃烧后烟气脱硫为主。

（3）氮氧化物。NO_2也是形成酸雨的主要物质之一。治理NO_2的措施主要有:采用选择性催化还原法，使烟气中的NO_2还原为N和H_2O。但更主要是采用新式低NO_2燃烧器，在炉膛燃烧时降低NO_2的生成。

（4）固体废物。它包括燃烧后的煤灰、炉渣和收集的飞灰，是电厂排放量最大的一种固体污染物。粉煤灰目前以综合利用为主，用来做建筑材料、筑路、做肥料等，用途广泛。其余不能综合利用部分送往贮灰场贮存。灰场贮存浪费土地资源，并随其扩散、迁移、积累，污染大气、水和土壤环境。

（5）废水。它主要有工业废水、生活污水和雨水排水。废水经处理后全部循环利用，做到不外排。

（6）热污染。它是指火电厂不采用冷却塔的直接水系统的温排水。这类火电厂热量的50%以上是以温排水方式排入水中，使水（或局部）温度升高，会破坏水生物的正常温度环境，影响其生存和繁殖。目前，解决热污染的办法是局部采用冷却塔，将循环水冷却到允许的温度再返回接纳水体。

（7）噪声。火电厂大功率旋转设备及高压、高速蒸汽的扩容、排放、泄漏是主要的噪声源。如汽轮机、发电机、水泵、磨煤机、鼓引风机、脱硫设备、冷却塔等。特别是排汽等高频噪声，突发性强，危害更大。噪声防治除采用屏蔽设备、隔离设备，还应重视个人防护。

三、火电厂建设项目环境保护相关法律法规、标准和技术规范

火电厂建设项目环境保护相关法律法规、标准和技术规范主要如下：

·《中华人民共和国电力法》(2018年12月29日)

·《中华人民共和国节约能源法》(1998年1月1日)

·《中华人民共和国可再生能源法》(2010年4月1日)

·《关于进一步加强生物质发电项目环境影响评价管理工作的通知》(环发〔2008〕82号)

·《火电厂大气污染物排放标准》(GB 13223-2011)

·《用于水泥和混凝土中的粉煤灰》(GB/T 1596-2005)

·《大中型火力发电厂设计规范》(GB 50660-2011)

·《工业循环冷却水处理设计规范》(GB 50050-2007)

·《火电厂烟气治理设施运行管理技术规范》(HJ 2040-2014)

·《火电厂烟气脱硝工程技术规范选择性催化还原法》(HJ 562—2010)

·《火电厂烟气脱硝工程技术规范选择性非催化还原法》(HJ 563-2010)

·《火电厂烟气脱硫工程技术规范 氨法》(HJ 2001-2010)

·《火电厂烟气脱硫工程技术规范烟气循环流化床法》(HJ/T 178-2005)

·《火电厂烟气脱硫工程技术规范石灰石/石灰一石膏法》(HJ/T 179-2005)

·《建设项目竣工环境保护验收技术规范 火力发电厂》(HJ/T 255-2006)

·《火力发电厂化学设计技术规程》(DL/T 5068-2006)

·《火力发电厂废水治理设计技术规程》(DL/T 5046-2006)

·《火电厂烟气治理设施运行管理技术规范》(HJ 2040-2014)

·《火电厂除尘工程技术规范》(HJ 2039-2014)

四、火电厂建设项目环境监理要点

(一)设计阶段环境监理要点

环境监理单位要与设计单位充分沟通，掌握设计方案，了解第一手的设计资料，以环评报告书（表）及环保部门批复为基础，审查设计方案中的环境保护要求是否贯彻国家环境法规标准要求，是否符合地方环境要求。

1. 审查设计中的环境保护相关内容 ……………………………………………………

环境监理人员应审查设计阶段的环境保护篇（卷）中提出的环境治理措施是否与批复的环境影响评价报告书（表）一致。设计阶段环境保护篇（卷）的主要内容应该有:

（1）环境保护设计依据;

（2）主要污染源与主要污染物的种类、名称、数量、浓度及排放方式;

（3）采用的环境保护标准;

（4）环境保护防治设施及其主要设计参数、工艺流程和预期效果;

（5）水土保持方案与绿化设计;

（6）环境管理、监测机构及定员;

（7）环境保护投资概算;

（8）必要的附图;

（9）存在的问题及建议。

若火电厂建设项目的规模、厂址等发生较大改变时，环境监理人员应要求建设单位适时地修改环境影响报告书（表），并按照规定的审批程序重新报批。

2. 审查项目建设平面布置 ……………………………………………………………

审查项目建设平面布置是环境监理工作的主要内容之一，环境监理人员应审查项目建设平面布置是否符合环境影响评价报告书要求，确保项目厂区卫生防护距离和灰场卫生防护距离内无居民区、学校、医院等环境敏感建筑。

（二）施工阶段环境监理要点

1. 环境保护达标监理 …………………………………………………………………

（1）施工期主要的环境影响。其影响包括大气环境影响、水环境影响、声环境影响、固体废弃物影响以及生态环境影响。

（2）施工期环境保护达标监理。环境保护达标监理是监督检查项目施工建设过程中各种污染因子达到环境保护标准要求的情况。

① 环境空气污染防治措施。

a. 施工期间，监督检查是否减少了建筑材料的装卸时间，水泥是否采用袋装，散装水泥应采用密闭仓储、气动卸料，以减少粉尘对环境的影响。

b. 施工期间，开挖的土石方是否及时回填或运到指定地点，减小扬尘影响;交通运输是否利用厂区原有道路，减小运输过程中的扬尘影响。

c. 是否加强施工道路的维护和管理，制定洒水抑尘制度，做到每天定期洒水、随时清扫，防止产生扬尘污染。

d.对排烟量大的施工机械应安装消声装置。

e.在施工建设区域四周应设置围栏，防止由于风蚀作用，产生扬尘污染环境。

② 水污染防治措施。施工期间水的污染包括施工废水和生活污水，并以生活污水为主。生活污水尽可能利用现有处理及排水设施，若不能利用时应设临时储存及处理装置。雨季的地面排水应经过沉淀后排出。遵照尽量减少外排废污水的原则，组织好项目的施工。

③ 噪声污染防治措施。对产生较大噪声和振动的施工作业，应尽量安排在白天进行。对高噪声设备应在其周围设置屏障以隔声，应减少或杜绝在夜间施工，同时采用低噪声机械，以保证周围区域的声环境质量。

④ 固体废物污染防治措施。施工人员产生的生活垃圾应有专人清理，在指定地点集中堆放并实行袋装化。建筑垃圾中的可利用废金属应加以回收利用，废砂石和残土应及时清运，并优先用于回填处理，防止因长期堆存而产生扬尘等污染，不能利用的建筑垃圾应及时运往指定地点储存。

⑤ 生态保护措施。厂内土方临时堆放场地周围应修建防止水土流失的临时挡护设施，如在厂内堆土场设置临时拦挡围堰或覆盖设施等。

2.环境保护措施监理

火电厂环境保护措施的基本要求首先是应满足达标排放要求，使其环境影响符合环境功能及质量标准要求，环保措施还要贯彻清洁生产、节约用水、总量控制的原则，环保措施应全面、合理。环境保护措施必须有针对性，要具体和有可操作性。经审批的环境影响报告书是环保措施法定的设计、建设、运行及竣工验收的依据。因此，施工期环境监理机构应根据环境影响评价报告书（表）及环保部门批复要求，监督检查火电厂环保设施的建设情况，确保项目“三同时”工作在各个阶段落实到位，使“三同时”环保设施与主体工程同时建成并投入运行。火电厂环保措施主要包括以下内容:

（1）烟气污染防治的环境监理

火电厂的主要大气污染物包括：烟尘、SO_2、NO_2和粉尘。火电厂烟气的污染防治主要包括：烟气除尘、烟气脱硫、低氮燃烧与烟气脱除NO_2及烟囱的要求。

①烟气脱硫。根据脱硫工艺在电厂生产中所处的位置，脱硫技术可以分为燃烧前脱硫、燃烧中脱硫及燃烧后脱硫三大类型。

②烟气脱氮。对于循环流化床锅炉，温度对NO_2排放的影响已在国内外取得共识。随着运行床温的提高，NO_2排放将升高，但N_2O的排放将下降。N_2O随温度上升而减少的原因主要为N_2O的分解，主要分解为N_2。据有关报道，在最佳脱硫温度，即850℃左右，燃料中N向N_2O的转化率最高。

③烟囱。高烟囱排放有助于烟气的扩散与稀释，降低污染物的落地浓度，减轻电厂周围的大气污染。因此，高烟囱排放一直是世界各国利用大气自净能力保护环境空气质量的有效措施之一。近年来，由于火电厂普遍要求安装烟气脱硫装置，高效除尘装置，有些还要求安装烟气脱除NO_2装置，因此烟囱高度也有降低到180~210m的可能，环境监理应根据环评中的要求监督检查项目的烟囱高度及安装的位置。

火电厂中烟气的环保措施是污染治理措施的重要内容之一，环境监理人员应监督检查施工期是否按照环评及批复要求进行选择及安装所要求的烟气污染防治设施。

（2）废水处理设施环境监理

火电厂废水主要为生产废水和生活污水，生产废水主要包括冷却塔排水、化学酸碱废水、输煤系统冲洗水、脱硫废水及主厂房内排水、设备冷却水等其他工业废水。环境监理人员应监督检查各种废水处理设施的建设落实情况。

（3）噪声治理措施环境监理

火电厂噪声主要包括锅炉排气噪声、风机噪声、磨机噪声、冷却塔噪声和直接空冷噪声等。环境监理人员应监督检查各设备噪声防控措施的安装情况，核查施工期机械噪声对周围环境的影响。

（4）固体废物治理设施环境监理

火电厂产生的灰渣与脱硫副产物均属于一般工业污染物。其贮存应符合《一般工业固体废物贮存、处置场污染控制标准》（GB 18599-2001）要求。环境监理应监督检查灰场的灰水防治施工建设，施工单位应对灰场底部进行防渗处理。

（5）事故风险防范措施环境监理

环境监理人员应监督检查火电厂事故风险防范措施的建设情况，主要包括项目除尘设备、脱硫设施、油罐的非正常工况排放事故防范措施。

①在线监测系统。在锅炉烟气处理装置进、出口，安装锅炉烟气在线监测系统，监测烟尘、SO_2、NO_2、烟气量、除尘和脱硫效率。

②油罐风险防范措施。油罐风险重点为油罐泄漏事故，一旦油罐泄漏，在没有及时得到控制的情况下，将会对外环境产生一定影响。项目设计时应将厂区内的消防用水及最大降雨量也考虑在内修建防火堤及事故水池，以保证油罐漏油事故能够得到有效防治。

③排污口规范化建设。

烟气排放口：除尘器进出口应设置采样口，采样口的设置应符合《污染源监测技术规范》的要求，安装环境图形标志。

污水排放口：厂内污水排放口应按照《污染源监测技术规范》设置规范的、便于测量流量与流速的测流段和采样点，安装环境图形标志。

贮灰场：现有贮灰场应设置提示性环境保护图形标志牌。

以上环境保护图形标志均应按《GB 15562.1—1995》和《GB 155622—1995》规定进行制作和安装。

3. 试运行阶段环境监理内容 ……………………………………………………………………

试运行阶段的环境监理是监督检查建设项目在试运行阶段落实的各项环境保护措施运行情况、建设项目对环境产生实际影响情况是否遵守国家环境保护法律、法规和环境影响报告书及其行政审批意见中的要求，为业主单位把好建设项目环境保护最后一道关口，同时为环境保护行政主管部门对建设项目的竣工环境保护验收提供了重要的依据。

火电厂在生产过程中存在大气、水、噪声、固体废物等常规污染，在燃煤、灰渣输运及贮存等过程中会产生无组织排放污染，在主体工程占地、固废贮存或填埋、水源使用等方面还会存在生态影响。

（1）试运营期环境影响要素

①大气：试运营期间排放的烟气、粉尘、扬尘。

②水：主要是试运营期产生的生产废水、脱硫废水、雨水和生活污水。

③噪声：试运营期设备运转时产生的噪声。

④固体废弃物：试运营期生产过程产生的灰渣、废石、脱硫副产物和生活垃圾。

⑤生态：项目竣工后，施工建设过程对原有生态环境产生的破坏要恢复。

（2）试运营期环境监理内容

①大气环境。燃烧设备烟气除尘器除尘效果是否达标排放；煤的输送、原料和辅料的输送、脱硫剂等的输送系统密封效果以及除尘器的除尘效果是否满足环评要求；散状物料储存措施执行情况，厂区及道路扬尘措施落实情况，贮灰场环境空气质量情况；脱硫系统的稳定运行情况，低氮氧化物燃烧效果，SO_2、NO达标排放情况。

②水环境。厂区内各种生产废水和生活污水处理装置运行情况，处理效果是否满足工艺回用水要求，废水回收利用情况；储灰场地下水质监测是否满足GBT 14848-93 Ⅲ类水质标准要求；厂区“清污分流、雨污分流”排水系统运行情况。

③声环境。主要针对高噪声设备采取的装设隔声罩、消声器，以及在建筑物内采用吸声材料等措施的运行效果进行考核。

④固体废弃物。灰渣、粉煤灰、脱硫副产物的综合利用措施利用情况，事故的固体废弃物运输和储存情况。运输车辆的封闭、灰场运行以及管理情况。

⑤生态环境。水土保持措施运行情况，厂区绿化、运灰道路绿化、铁路周围绿化、矿山及储灰场区绿化措施恢复和日常管理维护效果。

⑥在线监测系统。在线监测系统运行与维护情况，包括监测仪器本身调试，监测仪器与设备的联调，监测样品在线连续监测与人工监测校核情况，以及与环保部门联网情况。

五、火电厂建设项目环境监理实例

这里，我们提供了某热电厂建设项目的环境监理总结报告全文，读者可以扫描二维码查看。读者在阅读该案例时，可以思考并回答以下问题：

（1）该项目的废气排放标准是什么？

（2）该项目的环境敏感点在哪里？

（3）该项目工艺流程是什么？

（4）该项目环评中的废气、废水、噪声和固废的防治措施有哪些？

（5）该项目风险防范措施的落实情况如何？

某热电联产建设项目的
环境监理总结报告

第五节　电镀工业建设项目环境监理

一、电镀工业概况

（一）行业特点

电镀是金属（或非金属）的表面处理工艺，是通过化学或电化学作用在金属（或非金属）制件表面形成另一种金属膜层，因而改变制件表面属性（如抗腐蚀性、外观装饰、导电性、耐磨性、可焊性等）的一种加工工艺。现代电镀可以分为金属电镀、合金电镀、单层电镀、多层电镀等。电镀按照镀种来分，一般可以分为镀锌、镀铜、镀镍、镀锡等。

电镀行业使用了大量强酸、强碱、重金属溶液，甚至包括镉、氰化物、铬酐等有毒有害化学品，在工艺过程中产生了污染环境的废水、废气、废渣，是一类重污染行业。

（二）行业生产流程

电镀工艺过程大致可分为镀前处理、电镀和镀后处理三部分（见图8-1）。

图 8-1 电镀工艺流程

镀前处理是指金属或非金属零件在进入镀液以前的加工处理和清理工序。镀前处理可以达到清洁、修正镀件表面的目的，使镀件表面无氧化皮、无锈、无渍、无油污，能完全被水润湿，不挂水珠，可提高镀层与基体材料之间的结合率，保证优质镀层的获得。

通常镀前处理可分为机械清理、除油（又称脱脂）、浸蚀（又称酸洗、活化）。电镀，按照镀种不同，各电镀工艺也有所差别。以镀锌工艺为例，其典型流程如图 8-2 所示。

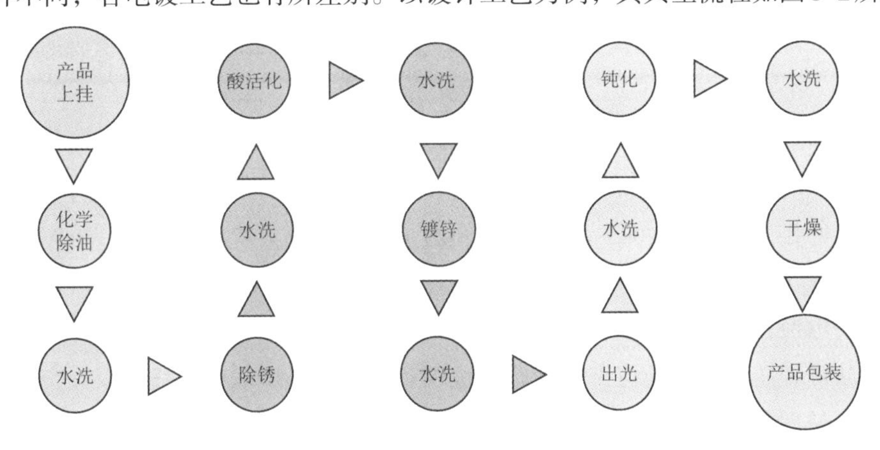

图 8-2 典型镀锌工艺流程

电镀后处理工艺是指对镀层进行各种处理以增强镀层各项性能（如耐蚀性、抗变色能力和可焊性等）。镀后处理包括除氢、钝化、脱水和涂漆等。

除氢是为避免氢离子渗透到金属镀层内部，避免镀层疏松，产生针孔、鼓泡甚至脱落等不良缺陷。因此，电镀后要在高温下进行热处理数小时，以驱除渗透到镀层下面或基体金属中的氢。镀锌后钝化可使镀锌层防护性能和装饰性能显著提高，因此也是一道必要的工序。经最后清洗的镀件必须脱水以保持制件干燥。此外，部分产品还会对制件进行涂漆，涂漆又叫封漆工艺，可保护工件表面免受外界（大气、盐雾或化学品）侵蚀，美化外观，提高工件耐蚀性。

二、电镀工业环境保护相关法律法规、标准和技术规范

电镀工业环境保护相关标准和技术规范主要如下：

·《清洁生产标准 电镀行业》（HJ/T314-2006）

·《电镀废水治理工程技术规范》(HJ 2002-2010)
·《电镀污染物排放标准》(GB 21900-2008)
·《工业企业厂界环境噪声排放标准》(GB 12348-2008)
·《建筑施工场界环境噪声排放标准》(GB 12523-2011)
·《产业结构调整指导目录(2011年本)》(2013年修正)。

三、电镀工业环境监理要点

在设计阶段，环境监理人员依据环境影响评价文件及批复文件，检查设计文件和施工方案是否满足环境保护的要求。在施工阶段，监督废水、废气污染防治措施的建设，保证“三同时”的落实，注意车间废水“分类收集”管网建设，监督车间、仓库的风险防范措施建设。项目试生产期间，水处理环境监理是重点内容。电镀废水处理设施建设应当遵循“雨污分流、清污分流、分质处理、一水多用”原则，检查废水分类管网的连通性；一类污染物在车间排放口的达标性；污水处理站的工艺、规模、处理能力与环境影响评价文件是否相符；废水在线监控及其他环境保护主管部门的相关要求是否落实等。此外，电镀过程中产生的电镀污泥属于危险废物，应核查是否建立危险废物临时堆放场，是否采取相应的防腐、防渗、防雨淋、防流失等措施，是否有按规定办理联单转移手续，交有处理资质的单位进行处理。具体各阶段的主要环境监理要点如下。

(一)施工期环境保护达标监理

工业废水和生活污水监理：在施工期间，应对产生的工艺废水和生活污水的来源、排放量、水质指标及处理设施的建设过程、沉淀池的定期清理和处理效果等进行定期检查、监督；根据水质监测结果，评价工业废水排放是否达标。

1. 大气污染监理

施工单位进入施工现场的各类机械须达到环保文件中所规定的要求；检查并督促施工单位控制施工期大气污染排放强度，削减施工期污染物的产生，降低大气污染影响。

2. 环境噪声监理

按设计要求，对产生强烈噪声或振动的污染源进行防治；施工场所噪声应达到排放标准，施工影响区域达到相应质量标准；避免扰民。夜间施工时，还应监理是否按程序进行报批和公告。

3. 固体废物监理

核查施工区固体废物的处理是否符合报告书；确保固体废物得到有效综合利用或处置；产生的垃圾应由施工单位负责处理，不能随意抛弃或填埋，施工区须达到环境安全和现场清洁整齐的要求；涉及危险废物的，应监理相关危废是否按危险废物相关管理要求进行收集、储存、运输和处理处置。

（二）施工期环保设施监理

1. 污水处理设施

应监理污水处理设施是否按照“三同时”要求与主体工程同时设计、施工；监理建设规模、处理容量、工艺流程等是否与设计相一致，避免暗排管线的建设。

2. 废气处理和回收装置

应监理废气处理和回收装置是否按照“三同时”要求与主体工程同时设计、施工；监理废气处理能力、处理工艺等是否与设计相一致，能否满足各种废气处理的要求。

3. 固废处理、处置措施

掌握工程固体废物产生类别、成分、特性，以及处理方式、处置方式、去向。新建固废暂存设施应按照“三同时”要求与主体工程一起设计、施工，设施应达到环保要求；监理固废处理、处置装置是否与环评及批复的要求相一致。

4. 噪声控制措施

根据环保设计文件中制定的噪声防治方案（隔声墙、吸声屏障、减震座等）监督其落实情况。

5. 环境风险防范措施监理

核查环境风险防范措施（包括自动切断导排系统、监控系统），应急设施建设位置、种类、规模，应急物资、设备的储备是否符合环境影响评价文件及审批文件要求。

此外，根据项目建设实际情况，采取见证、旁站及巡查相结合的环境监理方法对工程防腐、防渗措施和涉及环境保护的隐蔽工程进行监控。

（三）施工期生态保护措施监理

主要监督检查：施工场地位置是否处于指定地点，占地是否超出批准范围；开挖范围和深度是否符合规定；厂内外的生态环境恢复措施是否得到落实；沙石料、备料场是否符合环境影响评价要求，是否采取抑尘措施等。

（四）环境管理监理

主要协助建设单位和施工单位建立和完善环境保护管理体系，包括设立环境保护工作小组、环境保护规章制度、重大污染事故应急处理、施工人员环境保护相关培训和环境保护宣传工作等。此外，环境监理人员还应监督环境防护距离、卫生防护距离内居民搬迁等环保搬迁安置工作是否按环境影响评价及其批复要求落实到位。

（五）试生产环境保护措施环境监理

1. 废气处理措施环境监理

电镀行业所产生的主要大气污染物是酸性废气、铬雾、氮氧化物废气、氰化物废气等。环境监理重点应是监督各项废气处理措施的运行情况，废气排放标准是否控制在《电镀污染物排放标准》（GB 21900-2008）规定的相应大气污染物的排放浓度限值内。

2. 废水处理措施环境监理

电镀废水设施建设要求遵循雨污分流、清污分流、分质处理、一水多用的原则。电镀行业废水主要为含重金属的废水（含锌废水、含镍废水、含铬废水、含氰铜废水），厂区生活污水等综合废水。所有废水必须配套污水处理设施处理，排放口水质指标达到环评要求的水污染物排放限值标准。项目应建设中水回用设施，以提高中水回用比例，最大限度减少项目的尾水排放量，使该尾水达标排放。环境监理人员通过巡视、旁站、检查等监理方式，检查该项是否达到污水处理设施的接纳标准，如未达到接纳标准，应当先对该污、废水进行预处理，达到标准之后才能进入水管网。污水处理设施的尾水排放口应当按照环评要求规定进行规范化设置，安装废水排放在线监测监控设施，并与当地环境保护局进行联网，加强监控，确保排放水质达标后排放或者回收利用。

3. 固体废物处理设施环境监理

电镀行业建设项目固体废物种类主要为污泥、电镀废渣、生活垃圾等。其中废水处理产生的污泥和电镀废渣，属于国家规定的危险废物。对于固体物的环境监理措施应将固体废物分为危险废物和一般固体废物。

关于危险废物的处置，对属于国家规定的危险废物（如电镀行业中废水处理污泥及电镀底泥），必须委托有资质的处置单位进行妥善处理。危险废物必须按照《危险废弃物转移联单管理方法》《危险废物污染防治技术政策》等国家和地方有关规定进行严格管理，严禁焚烧、就地填埋、混入生活垃圾中或在排水系统管网排放。暂时储存场所应符合《危险废物储存污染控制标准》（GB 18597—2001）的要求，根据其化学特性及物理形态，贴上危险标志，场所应有明显标志，并有防雨、防晒等设施。

关于一般固体废物，项目产生的污泥等固体废物须按有关环保规定，以减量化、稳定化、无害化原则进行处理处置。厂区一般工业固体废物临时性储存设施应符合《一般性工业固体废物贮存、处置场污染控制标准》(GB 18599—2001)的规定，重点监理污泥的临时堆放管理，并加强对污泥临时堆放的管理，做好防雨、防渗、防臭等工作。

4. 噪声防治环境监理

环境监理单位应严格要求企业合理优化布局，选用低噪声设备，对主要噪声源采取减震、隔声、消声等措施，确保厂界噪声符合《工业企业厂界噪声标准》(GB 12348-2008)中的相关标准。

四、电镀企业建设项目环境监理实例

这里，我们提供了某电镀厂建设项目的环境监理总结报告全文，读者可以扫描二维码查看。读者在阅读该案例时，可以思考并回答以下问题：

(1) 该项目的污染物排放标准是什么?

(2) 该项目主要环境保护目标有哪些?

(3) 该项目的主要生产工艺及流程是什么?

(4) 该项目环评批复的要求是什么?

(5) 该项目主要的污染防治措施落实情况如何?

(6) 该项目试生产情况是否符合相关要求?

(7) 该项目的环境风险防控措施有哪些?

某电镀厂建设项目
环境监理总结报告

本章小结

本章主要介绍了几种典型工业类建设项目的行业特点、主要环境影响及其环境监理要点。除了生态类建设项目之外，其他建设项目按工业类项目管理。在环境监理工作中常碰到的工业类建设项目类型有四类，包括轻工纺织化纤行业、化工石化(医药)行业、冶金机电行业和建材火电类行业等。工业类建设项目环境监理要点主要有：项目环保批建符合性监理、环保达标监理、环保设施监理、生态保护措施监理和环境管理监理等。针对上述四类典型工业行业，详细介绍了印染类、化工石化(医药)类、火电厂和电镀工业建设项目的工艺流程、主要环境影响因子、环境监理依据以及环境监理的要点。

印染类建设项目在设计阶段环境监理应重点关注厂区给排水管线布置图，在雨污分流、清污分流、污废分流上进行把关。在施工阶段环境监理主要关注的项目有排水管线、总平面布置、生产装备、生产工艺、生产车间、污水处理设施、废气处理设施、固体废物防治设施、噪声防治设施和环境风险防范等。在试运行阶段重点关注的项目有原辅材料消耗、产品质量、污水处理设施、废气处理设施、固体废物防治设施、环境管理制度和环境风险防范等。

化工石化（医药）类建设项目在设计阶段应核实设计文件与项目环境影响评价报告及审批文件的符合性；在施工阶段应通过现场巡视、旁站、检查等方式，核实主体工程建设、“三同时”环保治理设施建设与工程方案和环境影响评价及批复的一致性问题，对水污染、废气、固体废物和噪声防治措施，以及环境风险防范及应急措施进行重点监理；在试运行阶段应对试运行工况、环保设施的试运行进行监理。

火电厂建设项目运行投产后主要污染因子有烟粉尘、二氧化硫、氮氧化物、固体废物、废水、热污染和噪声。在设计阶段环境监理人员应审查环境保护篇（卷）中提出的环境治理措施以及项目建设平面布置与批复的环境影响评价报告书（表）的一致性；在施工阶段环境监理重点关注环境保护达标监理、环境保护措施监理（包括烟气污染防治、废水处理设施、噪声治理措施、固体废物治理设施、事故风险防范措施）；在试运行阶段环境监理主要应关注大气、水、声、固体废物排放的达标情况，以及生态环境恢复和在线监测系统的建设等内容。

电镀行业是一类重污染行业，在设计阶段环境监理人员依据环境影响评价文件及批复文件，检查设计文件和施工方案是否满足环境保护的要求。在施工阶段，重点监督废水、废气污染防治措施的建设，保证“三同时”的落实，注意车间废水“分类收集”管网建设，监督车间、仓库的风险防范措施建设。在试生产期间，水处理环节是环境监理的重点内容。本章在二维码中提供了某印染厂、某医药厂、某热电厂、某电镀厂等4个实际建设项目环境监理的完整案例供参考。

复习思考题

一、简答题

1. 工业类建设项目环境监理要点有哪些？

2. 印染类建设项目厂区给排水管线布置应遵循的原则是什么？

3. 化工石化行业建设项目环境风险防范及应急措施主要有哪些？

4. 化工石化行业建设项目施工期环境监理要点是什么？

5. 某化工厂的甲草胺项目整体搬迁项目中环境监理要点是什么？

6.电镀废水处理设施建设和管道布置应当遵循的原则是什么？

7.火电厂运行投产后主要污染因子有哪些？

8.火电厂建设项目试运行期间环境监理的主要内容是什么？

二、案例分析题

1.某垃圾焚烧发电项目概况如下：建设规模占地13.97hm^2，新建城市生活垃圾焚烧发电厂一座，建设安装4台750t/d机械炉排式垃圾焚烧炉、2台35MW中压汽轮机、2台40MW发电机，同时配套建设烟气净化处理系统、污水处理系统、灰渣处理系统等环保工程，生活垃圾焚烧处理能力3000t/d，项目建成后年运行时间约8000h。环境监理经过现场巡查发现了一些局部调整。

（1）飞灰固化车间位置调整：原环评中，飞灰固化车间位于主厂房西南侧，根据现场巡检发现，项目飞灰固化车间移至原渗滤液处理站减湿废水与洗烟废水调节池处，原飞灰固化车间留作他用。

（2）渗滤液处理站调整：渗滤液处理站平面布置较设计方案变化较大，纯氧站由渗滤液处理站东南侧移至西南侧，洗烟废水调节池、减湿废水调节池位置由渗滤液处理站北侧调整至渗滤液处理站西侧。

（3）压缩空气站主要设备核查结果如下表所示。

序号	设备名称	设 备 规 格	环评时设备规模	实际建设情况
1	螺杆式空压机	Q ＝ 43.3 Nm^3/min P ＝ 0.75MPa（G）	4台（3用1备）	5台（4台工频，1台变频） 53.0 Nm^3/min 0.75MPa（G）
2	组合式干燥机	Q ＞ 43.3 Nm^3/min 排气压力露点 −40℃	4台（3用1备）	冷冻式干燥机5台，Q ≥ 53Nm^3/min，出气压力露点≤ 2℃，微热吸附式干燥机3台，Q ≥ 53Nm^3/min，出气压力露点≤ −40℃
3	HC级空气过滤器	Q ＞ 43.3 Nm^3/min，排气含尘粒度≤ 1μm，排气含油量 <1mg/ m^3	4台（3用1备）	5台，Q ≥ 53 Nm^3/min，出气含尘粒径≤ 3μm，出气含油量≤ 5mg/m^3

此外，环评要求该项目的烟气处理系统组成为“SNCR（选择性非催化还原脱硝）+旋转喷雾半干法脱酸＋干法脱酸+活性炭喷射吸附＋布袋除尘器+SCR（选择性催化还原脱硝）+湿法脱酸＋GGH（烟气再加热）”。

请围绕题干回答以下问题：

（1）平面布置调整后，该项目环境监理工作应增加的主要文件依据及需增加开展的工作内容有哪些？

（2）该项目压缩空气站主要设备数量出现环评与实际建设不符合情况，环境监理单位该如何处理？

（3）简答有关烟气处理设施的主要环境监理内容。

2.某石化项目芳烃工程建设内容包括110万吨/年重油提炼装置，50万吨/年馏分油加氢装置，35万吨/年芳构化装置，25万吨/年芳烃油提装置；另配套环保装置有30t/h与水汽提装置和0.5万吨/年硫磺回收装置及配套仓储、码头等设施。产品包括苯、甲苯、二甲苯、重芳烃、非芳烃、溶剂油、工业燃料油、蜡油、焦炭、液化气、硫磺等。本项目环境监理工作从设计阶段开始介入，在环境监理的各阶段针对重点工作开展了相应工作，如在设计阶段中发现了项目产品厂区平面布置图、罐区布容、三废治理设施等建设内容较环评发生了调整，补充了相关环保手续；在施工阶段协助企业完善三废治理措施和事故应急系统的建设；在试生产阶段帮助企业解决了码头废水收集、火炬移位等问题。

请根据题干回答以下问题：

1.简述工业类项目环境监理工作核心和工作阶段，描述各阶段的重点工作内容。

2.在该项目试生产期间，焦炭作为产品外售时在码头运输时撒落现象严重，请你以项目环境监理角度针对该问题提出整改建议。

3.项目建设有热火炬用于处理厂区事故情况下的防空气体，距项目最近环境敏感点为A村，在项目试生产期间，项目热火炬运行较为频繁，焚烧防空气体后废气对附近居民造成一定影响。请你以项目环境监理角度针对该问题提出整改建议。

参考文献

[1] 中华人民共和国建设部 . 建设工程监理规范 [M]. 北京 : 中国建筑工业出版社 ,2010.

[2] 中国建设监理协会 . 建设工程信息管理 [M]. 北京 : 中国建筑工业出版社 ,2009.

[3] 国家环境保护总局监督管理司 . 化工、石化及医药行业建设项目环境影响评价（试用版）[M]. 北京 : 中国环境科学出版社 ,2003.

[4] 环境保护部环境影响评价工程师职业资格登记管理办公室 . 农林水利类环境影响评价 [M]. 北京 : 中国环境科学出版社 ,2010.

[5] 国家环境保护总局环境影响评价工程师职业资格登记管理办公室 . 建材火电类环境影响评价 [M]. 北京 : 中国环境科学出版社 ,2007.

[6] 环境保护部环境影响评价工程师职业资格登记管理办公室 . 建设项目竣工环境保护验收调查（生态类）[M]. 北京 : 中国环境科学出版社 ,2009.

[7] 环境保护部环境影响评价工程师职业资格登记管理办公室 . 采掘类环境影响评价 [M]. 北京 : 中国环境科学出版社 ,2009.

[8] 中国建设监理协会 . 建设工程监理概论 [M]. 北京 : 知识产权出版社 ,2009.

[9] 浙江省交通厅工程质量监督站 . 公路施工环境保护监理 [M]. 北京 : 人民交通出版社 ,2006.

[10] 刘长兵 . 交通工程竣工环境保护验收指南 [M]. 北京 : 人民交通出版社 ,2010.

[11] 李世义 . 工程环境监理基础与实务 [M]. 北京 : 中国环境科学出版社 ,2008.

[12] 戴明新 . 交通工程环境监理指南 [M]. 北京 : 人民交通出版社，2005.

[13] 周国恩 . 工程监理概论 [M]. 北京 : 化学工业出版社 ,2010.

[14] 中国环境管理干部学院 . 环境保护执法手册 [M]. 北京 : 中国劳动社会保障出版社 ,2009.

[15] 何红锋 , 崔婕 . 项目管理 [M]. 北京 : 北京科影音像出版社 ,2003.

[16] 李莲 . 中国招标投标 [M]. 北京 : 中国建筑工业出版社 ,2007.

[17] 蒋明康 , 贺昭和 , 王智 , 等 . 涉及自然保护区建设项目的环境管理 [J]. 生态与农村环境学报 ,2009,25（1）:101–105.

[18] 黄河水资源保护科学研究所 . 环境管理计划 : 淮河流域重点平原洼地治理工程世行贷款项目 [R].2007.

[19] 沈毅 , 吴丽娜 , 王红瑞 ,. 等 . 环境影响后评价的进展及主要问题 [J]. 长安大学报（自然科学版）,2005，25（1）.

[20] 中国石油天然气集团公司 . 石油和化工工程设计工作手册 [M]. 东营 : 中国石油大学出版社 ,2010.

[21] 中国石化集团工程有限公司 . 化工工艺设计手册 [M]. 北京 : 化学工业出版社 ,2009.
[22] 江体乾 . 化工工艺手册 [M]. 上海 : 上海科学技术出版社 ,1992.
[23] 工业和信息化部 . 石化和化学工业"十二五"发展规划 [M]. 北京 ,2011.
[24] 朱京海 . 典型行业建设项目环境监理工作指南 [M]. 北京 : 中国环境科学出版社 ,2010.
[25] 朱京海 . 建设项目环境监理工作案例选 [M]. 北京 : 中国环境科学出版社 ,2010.
[26] 朱京海 . 建设项目环境监理概论 [M]. 北京 : 中国环境科学出版社 ,2010.
[27] 浙江省经济贸易委员会 . 关于做好推进传统精细化工技术装备水平提升工作的通知 [Z]. 杭州 ,2005.
[28] 工业和信息化部 . 石化和化学工业"十二五"发展规划 [Z]. 北京 : 工业和信息化部 ,2011.
[29] 化工装备行业四大类产品分析 [EB/OL].（2006-04-25）http：//info.chem.hc360.com/2006 /04/2509541011.shtml.
[30] 国务院 . 国家环境保护"十二五"规划 [Z]. 北京 ,2011.
[31] 邹家祥 , 薛联芳 . 环境影响评价技术手册水利水电工程 [M]. 北京 : 中国环境科学出版社 ,2009.
[32] 季耀波 , 芮建良 , 高智 . 浅谈水利水电工程施工期环境监理重点 [J]. 大坝与安全 ,2011,2.
[33] 薛联芳 . 向家坝水电站环境保护措施 [A]. 中国水电工程顾问集团 . 水电 2006 年国际研讨会论文集 [C].2006.
[34] 中国水电工程顾问集团公司 . 水利水电工程环境监理工作指南 [M]. 北京 : 中国水利水电出版社 ,2011.
[35] 丁衡英 , 姚元军 , 马树清 , 等 . 向家坝建设部环境保护管理中心对环境保护的管理 [J]. 水电站设计 ,2007,23（3）.
[36] 中国水利工程协会 . 水利工程环境监理 [M]. 北京 : 中国水利水电出版社 ,2010.
[37] 但云贵 , 李杨红 , 杨金平 . 长江重要堤防隐蔽工程环境监理特点与方法 [J]. 人民长江 ,2003,37（7）.
[38] 吴建中 , 赵经东 , 李维恒 , 等 .Q/SY GDJ0119-2008 西气东输二线管道工程安全与环境监理规范 [M]. 北京 : 石油出版社 ,2008.
[39] 吴建中 , 高玉桂 . 论油气管道工程施工环境监理工作 [J]. 油气田环境保护 ,2010,20（2）.
[40]《铁道概论》编委会 . 铁道概论 [M]. 北京 : 中国铁道出版社 ,2006.
[41] 孙永福 . 青藏铁路建设环境保护研究 [M]. 北京 : 中国铁道出版社 ,2007.
[42] 京沪高速铁路有限公司 . 漫话京沪高速铁路 [M]. 北京 : 中国铁道出版社 ,2011.
[43] 蔡志洲 . 交通建设项目环境影响评价方法及案例 [M]. 北京 : 化学工业出版 ,2006.
[44] 卢正宇 , 袁平 , 孔亚平 , 等 . 广州绕城高速公路工程环境监理实践 [M]. 北京 : 人民交通出版社 ,2009.

[45] 交通运输部天津水运工程科学研究所交通工程环境监理指南 [M]. 北京 : 人民交通出版社 ,2005.

[46] 交通运输部天津水运工程科学研究所水运工程施工环境保护监理 [M]. 北京 : 人民交通出版社，2006.

[47] 环境保护部环境工程评估中心 . 建设项目环境监理 [M]. 北京 : 中国环境科学出版社 ,2012.

[48] 赵建奇 , 杨林 , 张保利 . 建设项目环境监理实施要点 [M]. 北京 : 中国环境科学出版社 ,2012.

[49] 环境保护部环境影响评价司 . 建设项目环境监理案例选编 [M]. 北京 : 中国环境科学出版社 ,2012.

[50] 广东省环境技术中心 . 广东省建设项目环境监理工作指南（试行）[Z].2012.

[51] 广州市环境技术中心 . 广州市建设项目施工期环境监理技术指引（试行）[Z].2013.

[52] 马建立 , 李良玉 , 赵由才 . 走进工程环境监理 [M]. 北京 : 冶金工业出版社 ,2011.

[53] 谢建宇 , 马晓明 . 工程环境监理与工程监理的比较及发展建议 [J]. 四川环境，2007，26(2):109–112.

[54] 环境保护部环境工程评估中心 . 海洋工程类环境影响评价 [M]. 北京 : 中国环境科学出版社 ,2012.